I0050924

Wolfgang Osterhage

Energie – wo kommt sie her

Weitere Titel aus der Reihe

Wie alles anfing
Von Molekülen über Einzeller zum Menschen
Manfred Bühner, 2022
ISBN 978-3-11-078304-9, e-ISBN 978-3-11-078315-5

Zeit (t) – Die Sphinx der Physik
Lag der Ursprung des Kosmos in der Zukunft?
Jörg Karl Siegfried Schmitz-Gielsdorf, 2022
ISBN 978-3-11-078927-0, e-ISBN 978-3-11-078935-5

Lila macht kleine Füße
Können wir unseren Augen trauen?
Werner Rudolf Cramer, 2022
ISBN 978-3-11-079390-1, e-ISBN 978-3-11-079391-8

Einstein über Einstein
Autobiographische und wissenschaftliche Reflexionen
Jürgen Renn, Hanoch Gutfreund, 2023
ISBN 978-3-11-074468-2, e-ISBN 978-3-11-074481-1

Unterwegs im Cyber-Camper
Annas Reise in die digitale Welt
Magdalena Kayser-Meiller, Dieter Meiller, 2023
ISBN 978-3-11-073821-6, e-ISBN 978-3-11-073339-6

Sterngucker
Wie Galileo Galilei, Johannes Kepler und Simon Marius die Weltbilder veränderten
Wolfgang Osterhage, 2023
ISBN 978-3-11-076267-9, e-ISBN 978-3-11-076277-8

DE GRUYTER
OLDENBOURG

**DE GRUYTER
POPULÄRWISSEN-
SCHAFTLICHE
REIHE**

Wolfgang Osterhage

Energie – wo kommt sie her

Und seit wann sie uns beschäftigt

DE GRUYTER
OLDENBOURG

Autor
Dr. Wolfgang Osterhage
Finkenweg 5
53343 Wachtberg
wwost@web.de

ISBN 978-3-11-115172-4
e-ISBN (PDF) 978-3-11-115255-4
e-ISBN (EPUB) 978-3-11-115297-4
ISSN 2749-9553

Library of Congress Control Number: 2024933236

Bibliografische Information der Deutschen Nationalbibliothek
Die Deutsche Nationalbibliothek verzeichnet diese Publikation in der Deutschen Nationalbibliografie;
detaillierte bibliografische Daten sind im Internet über
http://dnb.dnb.de abrufbar.

© 2024 Walter de Gruyter GmbH, Berlin/Boston
Coverabbildung: Ivan Grgic / iStock / Getty Images Plus
Satz: VTeX UAB, Lithuania
Druck und Bindung: CPI books GmbH, Leck

www.degruyter.com

Vorwort

In diesem Buch wird das Thema Energie aus unterschiedlichen Perspektiven beleuchtet. Zentral sind zwar die beiden Hauptsätze der Thermodynamik sowie das Lebenswerk von Robert Julius Mayer, aber losgelöst davon existiert eine Reihe von Aspekten, die letztendlich zu einem Gesamtkontext führen, in dem die Physik zwar die wichtigste, aber nicht die alleinige Rolle spielt.

Zu den wesentlichen Gesichtspunkten gehören:
– der kosmische Ursprung
– die unterschiedlichen Erscheinungsformen
– der antike Energiebegriff
– der neuzeitliche Energiebegriff
– die Rolle in der modernen Physik
– Energieversorgung von den ältesten Anfängen bis zur Gegenwart
– klimatische Wirkungen der Energienutzung und
– Energiekrise.

Ich danke dem Verlag de Gruyter für die Möglichkeit der Veröffentlichung dieses Werkes. Insbesondere bedanke ich mich bei Kerstin Berber-Nerlinger und Ute Skambraks für ihre Förderung und Unterstützung bei der Entstehung dieses Buches.

Wachtberg, im April 2024   Dr. Wolfgang Osterhage

https://doi.org/10.1515/9783111152554-201

Inhalt

Vorwort —— V

Abkürzungsverzeichnis —— XI

1   Einleitung —— 1
      Über dieses Buch —— 2

2   Energie und Kosmos —— 4
      Einleitung —— 4
      Das Urknall-Modell —— 4
      Weitere Modelle des Universums —— 6
      Fazit —— 9

3   Der Energiebegriff in der Antike —— 10
      Einleitung —— 10
      Konkretisierung —— 10
      Vorsokratiker —— 11
      Aristoteles und Platon —— 15
      Fazit —— 19

4   Der Energiebegriff bis zur Neuzeit —— 20
      Einleitung —— 20
      Die Impetus-Theorie —— 20
      Die Präzisierung des Begriffs —— 22
      Auf dem Weg zum physikalischen Begriff —— 26
      Energetik —— 29
      Fazit —— 30

5   Robert Julius Mayer und die Folgen —— 31
      Einleitung —— 31
      Schelling —— 31
      Prioritäten —— 32
      Der zweite Hauptsatz —— 45
      Fazit —— 49

6   Energieversorgung von der Antike bis heute —— 50
      Einleitung —— 50
      Frühe Energiequellen —— 50
      Erste mechanische Techniken —— 53
      Die industrielle Revolution —— 57

Energieversorgung der Gegenwart ⸺ 67
Fazit ⸺ 85

7   **Die Zukunft ⸺ 87**
Einleitung ⸺ 87
Wasserstoff-Technologie ⸺ 87
Wasserstoffgewinnung ⸺ 88
Elektromobilität ⸺ 93
Kernfusion ⸺ 94
Transmutation [25] ⸺ 98
Dual Fluid ⸺ 101
E-Fuels ⸺ 102
Smart Energy ⸺ 102
Fazit ⸺ 105

8   **Die Rolle der Energie in der modernen Physik ⸺ 106**
Einleitung ⸺ 106
Max Planck ⸺ 106
Die Geburtsstunde der Quantenphysik ⸺ 108
Albert Einstein ⸺ 112
Hochenergiephysik ⸺ 120
Raumfahrt ⸺ 124
Fazit ⸺ 126

9   **Ursprünge aller Energieformen ⸺ 128**
Einleitung ⸺ 128
Fazit ⸺ 130

10   **Energie und Klima ⸺ 131**
Einleitung ⸺ 131
Ausgangslage ⸺ 131
Technologien des Climate Engineering (CE) ⸺ 132
Die Maßnahmen im Einzelnen ⸺ 134
Negative Auswirkungen ⸺ 136
Referenzpunkte ⸺ 137
Fazit ⸺ 137

11   **Energiekrise ⸺ 138**
Einleitung ⸺ 138
Bilanzkreise ⸺ 138
Versorgungskriterien ⸺ 139
Wie kann es zu einer Energiekrise kommen? ⸺ 140

Planungsebenenmodell für eine Energiestrategie —— **140**
Notfallmanagement —— **143**
Fazit —— **144**

12   Robert Mayer Revisited —— **145**
Fokus und Wirkgeschichte —— **146**
Energie und Weltbild —— **151**
Ursprünge —— **151**
Energie und Klima —— **151**
Beständigkeit —— **152**

13   Energie-Zeittafel —— **154**

Referenzen —— **157**

Weiter führende Literatur —— **159**

Personenverzeichnis —— **161**

Sachverzeichnis —— **163**

Abkürzungsverzeichnis

ADS	Accelerator Driven System
AEL	alkalische Wasserelektrolyse
CDR	Carbon Dioxide Removal
CE	Climate Engineering
CERN	Conseil européen pour la recherche nucléaire
CRESST	Cryogenic Rare Event Search with Superconducting Thermometers
DESY	Deutsches Elektronen Synchrotron
DF	Dual Fluid
GSI	Gesellschaft für Schwerionenforschung
HSX	Helically Symmetric Experiment
HTE	Hochtemperatur-Elektrolyseur
HTR	High Temperature Reactor
IoT	Internet of Things
ISTC	International Science and Technology Center
ITER	International Thermonuclear Experimental Reactor
LHC	Large Hadron Collider
LHD	Large Helical Device
MOX	Mischoxid
Myrrha	Multipurpose hYbrid Research Reactor for High-tech Applications
P&T	Partitionierung und Transmutation
PEM	Polymerelektrolytmembran
RLM	registrierende Lastgangmessung
RM	Radiation Management
SLA	Stanford Linear Accelerator
SLP	Standardlastprofil
SPHINX	Spent Hot Fuel Incinerator in Neutron Flux
SRM	Solar Radiation Management
TLP	Temperatur abhängige Lastprofile
TMSR	Thorium Molten Salt Reactor
Tokamak	toroidalnaja kamera s magnitnymi katuschkami
TRM	Thermal Radiation Management
ÜNB	Übertragungsnetzbetreiber
WIMP	Weakly Interacting Massive Particles

https://doi.org/10.1515/9783111152554-202

1 Einleitung

Es vergeht kein Tag, an dem in Nachrichtensendungen oder Zeitungsberichten, auf Papier oder elektronisch, das Wort „Energie" nicht mehrfach, wenn nicht gar dutzendfach vorkommt – in der Werbung eingeschlossen: als wirtschaftlicher und politischer Begriff, als physikalische Größe allerdings eher weniger, dafür aber in vielfältigen Zusammenhängen: Energiekrise, Energiesparung, Energieversorgung, Energiepreise, erneuerbare Energie, Energie und Klima und vieles mehr. Außerdem kommen viele Experten zu Wort und zwangsläufig auch alle Bürger und Bürgerinnen, da sie ja täglich nicht nur mit dem Thema konfrontiert werden, sondern auch energiepolitische Entscheidungen – sei es durch die Politik oder durch Wirtschaftsunternehmen – mittragen müssen.

Ältere Menschen erinnern sich sicher noch an Zeiten, in denen das Thema „Energie" ein Fachgebiet von Spezialisten gewesen ist und höchsten im Wirtschafts- oder Technikteil Gegenstand von Erörterungen war und ansonsten eher selten auftauchte. Es gab natürlich auch Zeiten, in denen intensiv über Energieträger berichtet wurde, z. B. bei der Transformation der Wirtschaft von der Kohle auf Erdöl und über den Aufstieg und die Macht der OPEC – und natürlich über die Erdölkrise im Zusammenhang mit den Ereignissen im Nahen Osten am Anfang der 1980er Jahre des vergangenen Jahrhunderts. Heute ist das Thema allgegenwärtig.

Die bereits angedeuteten vielfältigen Zusammenhänge mit dem Begriff „Energie" deuten an, dass es wenig Sinn macht, ihn isoliert oder eindimensional zu behandeln. Der Kontext, in welchem sich dieses Phänomen über lange Zeiträume erstreckt hat, ist ebenso wie der Begriff selbst, ständigem Wandel unterworfen gewesen. Während heute seine gesellschaftspolitische Relevanz im Vordergrund steht, spielten im Laufe der menschlichen Kulturgeschichte andere Aspekte eine wichtige Rolle – selbst dann, als das Wort „Energie" im heutigen Sinne noch gar nicht in Gebrauch war. Auch heute noch verstehen die Menschen Unterschiedliches darunter. Deshalb sind folgende Fragen berechtigt:

„Energie: wo kommt sie her?"

und

„Seit wann beschäftigt sie uns?"

Dabei geht es nicht nur um die Geschichte der Energie, wie die zweite Frage vermuten lässt. Die Geschichte lässt sich ganz bequem in einer Tabelle über drei Seiten darstellen (s. Kapitel 13). Geschichte hat aber immer auch mit Bedeutung zu tun, und Bedeutung kann sich bekanntlich auch wandeln: mit dem Kenntnisstand der Menschen über sie, aber auch mit ihrem substanziellen Gebrauch, wie wir heute feststellen müssen.

Unabhängig davon gibt es jedoch Konstanten, die wir an denjenigen Menschen festmachen können, die sich im Laufe der Geschichte mit dem Thema auseinandergesetzt, teilweise ihre gesamte Existenz dafür aufs Spiel gesetzt haben. Zu erwähnen ist hier an erster Stelle Robert Julius Mayer, der als Erster dem Gegenstand eine nachhaltige Form gegeben hat. Die Dramatik von Mayers Leben kann als Symbol für die gewaltigen

https://doi.org/10.1515/9783111152554-001

Umwälzungen gedeutet werden, die sich nach ihm im Zusammenhang mit der Nutzung dieses Naturphänomens ergeben haben.

Über dieses Buch

Bücher über Energie und verwandte Themen findet man zuhauf. Dieser Autor selbst hat einige davon veröffentlicht [1, 2, 3, 4, 5]: Lehrbücher, Fachliteratur und über Spezialgebiete. Dieses Buch will den Gesamtkontext aufzeigen, inklusive der physikalischen Aspekte, der geschichtlichen Entwicklung entlang der Biografie der Persönlichkeiten, die zu der Entdeckung ihrer Möglichkeiten beigetragen haben und der heutigen gesellschaftlichen Relevanz mit ihren technischen Möglichkeiten. Es ist kein mathematisches Buch, obwohl an der einen oder anderen Stelle gelegentlich eine Formel auftaucht.

Wir beginnen, indem wir die Größe Energie in Perspektive zu unserer kosmischen Heimat setzen. Energie ist endlich von Anbeginn an – und sie trat sukzessive in unterschiedlichen Erscheinungsformen auf: zunächst als Strahlung, später nach und nach (nach dem so genannten dunklen Zeitalter) verstärkt als Materie, wobei – wie wir später lernen werden – die Umwandlung von Strahlung in Materie und umgekehrt nach wie vor relevant ist. Aber selbst unter Berücksichtigung der geheimnisvollen dunklen Energie bleibt ihr Vorrat endlich.

Woher kommt das Wort „Energie", und welche Wandlungen hat dieser Begriff im Laufe der Geschichte erfahren? Die Ursprünge – wie viele ursprüngliche philosophische und physikalische Überlegungen – führen wir auf das antike Griechenland zurück. Mitgewirkt an dieser Begriffsbildung und seinen konkreten Inhalten haben berühmte Vorsokratiker bis hin zu Aristoteles.

Bevor sich jedoch der Energiebegriff mit dem konkreten physikalischen Phänomen für immer verband, versuchten bis zum Beginn der Neuzeit – und noch darüber hinaus – andere Begriffe die damit verbundenen Phänomene zu klassifizieren. Das hat zu unterschiedlichen Theorien geführt, wovon beispielhaft die Impetus-Theorie erwähnt werden soll, die eigentlich erst Galileo Galilei überwunden hat. Es dauerte noch bis ins 19. Jahrhundert hinein, bis ein einheitlicher Energiebegriff sich in Europa durchsetzen konnte.

Noch als Robert Julius Mayer seine bahnbrechende These von der Erhaltung der Energie formulierte, sprach er von Kraft statt von Energie. Seinem Leben und Wirken, seinem Scheitern und Kampf und letztendlich späte Anerkennung ist ein ganzes Kapitel gewidmet. Er steht damit in einer Reihe mit Galilei, wenn es darum geht, die konventionelle Wissenschaft gegen alle Widerstände infrage zu stellen und Neues zum Durchbruch zu verhelfen.

Nach diesen grundlegenden Überlegungen folgt nun der praktische Teil. Auch ohne mathematische und begriffliche Präzisierung waren Menschen in der Lage, die Segnungen der Energieverwertung zu ihrem Nutzen einzusetzen. So finden wir Instrumente und Verfahren bereits in der Antike, die Energieumwandlungen ermöglichten. Neben

Vorrichtungen gehörten das Feuer und damit die dafür erforderlichen Energieträger zu den frühesten Anwendungen. Wir verfolgen dann die weitere Entwicklung von Mechanisierung über Mühlen und einfachen Maschinen bis hin zum Beginn des Industriezeitalters mit der Dampfmaschine. Über die Elektrizität und Gas und den Verbrennungsmotor kommen wir zur Gegenwart mit ihren Großkraftwerken, gefolgt von neueren Energietechnologien wie die Photovoltaik, die Windkraft, die Wärmepumpe etc., einschließlich der Kernenergie, die zwar in Deutschland keine Rolle mehr spielt, aber in vielen anderen Ländern von Bedeutung ist.

Aber mit der Gegenwart (2024) hört die Energiegeschichte nicht auf. Menschen machen sich Gedanken, wie die Situation heute sich wandeln und verbessern kann. Wie können traditionelle Energieverwertungsanlagen durch moderne Anlagen ersetzt werden? Ganz neue Systeme erscheinen am Horizont, die schon heute Gegenstand von Forschung und Erprobung sind: Wasserstofftechnologien, Kernfusion. Der Elektrizitätsbedarf wird weiter durch die Digitalisierung und die Elektromobilität steigen. Vorhandene Systeme müssen effizienter und Stromnetze intelligenter werden.

Unabhängig vom praktischen Nutzen spielt die physikalische Größe Energie in der modernen Grundlagenphysik eine herausragende Rolle. Im Bereich der kleinsten Materieteilchen ging das Kontinuum Energie verloren und wurde durch diskrete Pakete, Energiequanten, abgelöst. Neben diesen herausragenden Entdeckungen durch Max Planck und Niels Bohr postulierte Albert Einstein die Äquivalenz von Masse und Energie, eindrucksvoll bestätigt durch die Explosionen der ersten Kernwaffen. Und schließlich entwickelten Physiker Maschinen, die Energien kosmischer Größenordnungen erzeugen, und mit denen sie in die tiefsten Kellergeschosse der Materie eindringen können.

Zurück zur Eingangsfrage: Woher kommen all diese Energieformen? In Kapitel 9 werden alle Formen von Energieträgern und Umwandlungsmethoden letztendlich auf atomare und kernphysikalische Prozesse zurückgeführt.

Die Energienutzung und andere menschliche Tätigkeiten haben immer schon Einfluss auf die klimatischen Verhältnisse gehabt. Im antiken Römischen Reich hat z. B. die Abholzung von Wäldern zum Flottenbau zu Erosionsschäden des Apennins geführt. Erst in neuerer Zeit sind Zusammenhänge zwischen dem Energieverbrauch und dessen Nebeneffekte wie Abgase und klimatische Veränderungen hergestellt worden, die natürliche klimatische Schwankungszyklen möglicherweise überlagern. Daraus sind Forderungen entstanden, diese Entwicklung durch pro-aktives Eingreifen in das Klima selbst zu kompensieren. Der Problematik des Climate Engineering ist ein ganzes Kapitel gewidmet.

Im Laufe der Geschichte der Nutzung unterschiedlicher Energieträger und Technologien haben sicher die wenigsten Protagonisten daran gedacht, dass es durch die Abhängigkeit ganzer Volkswirtschaften einmal zu einer Energiekrise kommen könnte. Heute ist das Thema in aller Munde. Durch vorausschauendes und entsprechendes Notfall-Management kann eine solche Krise beherrscht und abgemildert werden. Wir stehen nicht wieder am Anfang, sondern vor einer Reihe von ungeahnten neuen Herausforderungen, die es zu meistern gilt.

2 Energie und Kosmos

Einleitung

Woher nehmen wir den uns zur Verfügung stehenden Energievorrat? Wie ist er einmal entstanden? Kosmologische Eckdaten geben Hinweise darüber. Sie sind gleichzeitig die Grundlage für physikalische Entstehungsmodelle, von denen das heute weitestgehend akzeptierte das Urknall-Modell ist. Aber schon lange vor den konkreten Beobachtungen, die letztendlich zu unseren modernen Modellen geführt haben, hatten große Denker der Antike und der beginnenden Neuzeit Überlegungen über die Entstehung und die Struktur des Kosmos gemacht. Nicht alle Geheimnisse sind gelüftet, denn: was verbirgt sich hinter „dunkler Materie" und „dunkler Energie"?

Das Urknall-Modell

Wie wir in Kapitel 5 ausführlich erfahren werden, ist Energie – trotz aller gegenteiligen Behauptungen in der täglichen Berichterstattung – nicht erneuerbar. Uns ist einmalig mit der Entstehung unseres Kosmos ein begrenzter Energievorrat zur Verfügung gestellt worden, der sich weder vernichten noch erweitern lässt, schon gar nicht erneuern. Letzteres käme einer creatio ex nihilo gleich. Was allerdings stattfindet – und das sowohl in der Natur als auch durch von uns geschaffene Apparaturen – ist die Umwandlung einer Energieform in eine andere. Bei jeder Energieumwandlung findet jedoch eine Verringerung der nutzbaren Komponente einer Energieform statt. Auch das werden wir in Kapitel 5 ausführlich behandeln. Doch lassen Sie uns zunächst auf die folgende Frage eingehen:

> Wie sieht denn dieser eingangs erwähnte Energievorrat aus?

Bei unseren weiteren Überlegungen (und hier greife ich vor; s. Kap. 7) sollten wir immer auch die Äquivalenz zwischen Masse (Materie) und Energie in Gedanken behalten. Aufschluss über unseren begrenzten Energievorrat können die heute weitestgehend akzeptierten kosmologischen Eckdaten für unser Universum geben (Abb. 2.1).

Diese Daten ergeben sich aus astronomischen Beobachtungen in Kombination mit dem „Standard Hot Big Bang Model" – dem Urknall-Modell zur Entstehung des Kosmos. Dieses Modell basiert auf der Annahme, dass die gesamte Entwicklung des Universums von der Gravitation – eine der vier Fundamentalkräfte der Natur – dominiert wurde. Die Details der Entwicklung, so wie wir sie beobachten können, unterliegen den Gesetzen der Thermodynamik, der Hydrodynamik, der Atomphysik, der Kernphysik und der Hochenergiephysik. In der Abbildung 2.2 sind die Entstehung und der Werdegang des Universums in künstlerischer Form dargestellt.

https://doi.org/10.1515/9783111152554-002

Maximaler Expansionsradius	$18,94 \times 10^9$ LJ
Zeit bis zum Maximum	$29,76 \times 10^9$ J
Alter	13×10^9 J
Heutige Dichte	$14,8 \times 10^{-30}$ [g/cm^3]
Heutiges Volumen	$38,3 \times 10^{84}$ [cm^3]
Dichte am Maximum	5×10^{-30} [g/cm^3]
Maximales Volumen	114×10^{84} [cm^3]
Gesamtmasse	$5,68 \times 10^{56}$ [g]
Anzahl Baryonen	$3,39 \times 10^{80}$

Abb. 2.1: Kosmologische Eckdaten.

Es gab also einen Zeitpunkt, als das Universum unendlich klein und unendlich dicht war. Unter diesen Bedingungen hatten sämtliche Naturgesetze noch keine Gültigkeit, und es gab keine Möglichkeit, die Zukunft vorherzusagen. Sollte es je Ereignisse gegeben haben, die vor diesem Zeitpunkt stattgefunden haben, so könnten diese keinen Einfluss darauf haben, was heute geschieht. Sie könnten deshalb ignoriert werden, weil sie weder beobachtet werden können noch irgendeinen Einfluss auf uns hätten. Insofern kann man sagen, dass die Zeit mit dem Urknall begann.

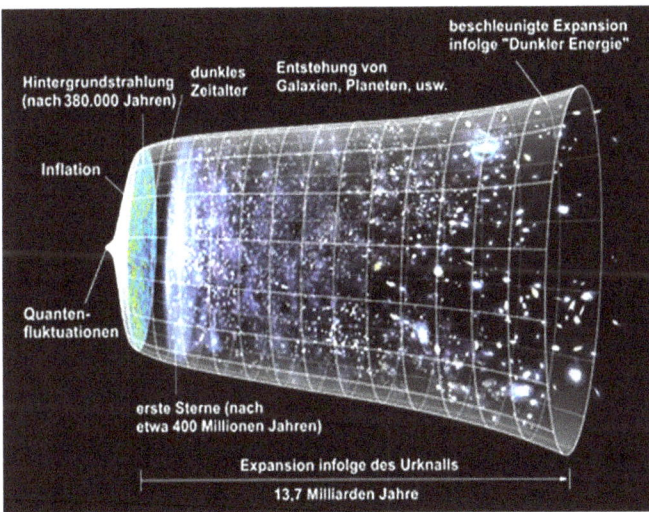

Abb. 2.2: Das Urknall-Modell.

Es wird davon ausgegangen, dass während der ersten Sekunde nach dem Anfang die Temperatur so hoch war, dass ein vollständiges thermodynamisches Gleichgewicht zwischen Photonen, Neutrinos, Elektronen, Positronen, Neutronen, Protonen und diversen Hyperonen und Mesonen und möglicherweise Gravitonen herrschte.

Nach einigen Sekunden fiel die Temperatur auf etwa 10^{10} K, und die Dichte betrug etwa 10^5 [g/cm^3]. Teilchen und Antiteilchen hatten sich ausgelöscht, Hyperonen und Meson waren zerfallen und Neutrinos und Gravitonen hatten sich von der Materie entkoppelt. Das Universum bestand jetzt aus freien Neutrinos und vielleicht Gravitonen, den Feldquanten von Gravitationswellen.

In der nachfolgenden Periode zwischen 2 und etwa 1000 s fand eine erste ursprüngliche Bildung von Elementen statt. Vorher wurden solche Ansätze durch hochenergetische Protonen wieder zerstört. Diese Elemente waren im Wesentlichen α-Teilchen (He^4), Spuren von Deuterium, He^3 und Li, und machten 25 % aus; der Rest waren Wasserstoffkerne (Protonen). Alle schwereren Elemente entstanden später.

Zwischen 1000 s und 10^5 Jahren danach wurde das thermische Gleichgewicht gehalten durch einen kontinuierlichen Transfer von Strahlung in Materie, sowie permanenter Ionisationsprozesse und Atombildung. Gegen Ende fiel die Temperatur auf wenige Tausend Grad. Das Universum wurde nun von Materie statt von Strahlung dominiert. Photonen waren nicht mehr so energiereich, um z. B. Wasserstoffatome permanent zu ionisieren.

Nachdem der Photonendruck verschwunden war, konnte die Kondensation der Materie in Sterne und Galaxien beginnen: zwischen 10^8 und 10^9 Jahre danach.

Wie aus den Eckdaten hervorgeht, sind Masse und Energie im Universum endlich – selbst unter Berücksichtigung der berühmten Einstein-Gleichung $E = mc^2$. Uns steht damit nur ein begrenzter Energievorrat zur Verfügung. Und davon ist wiederum nur ein Teil in nutzbare Energie umwandelbar. Bei den Umwandlungen – gleich, welcher Art – wird dabei Energie entwertet, sodass der Anteil nutzbarer Energie stetig abnimmt. [1]

Weitere Modelle des Universums

Das Urknall-Modell – wiewohl heute von der großen Mehrheit der Kosmologen akzeptiert – ist beileibe nicht ohne Konkurrenz. In Vergangenheit und auch Gegenwart gab und gibt es immer wieder Versuche, die Welt widerspruchsfrei zu beschreiben, wobei einige dieser Erklärungsversuche Einfluss auf die Endlichkeit des Energievorrats haben.

Eine alte indische Kosmologie besagt, dass 4.320.000.000 Menschenjahre einem einzigen Tag des Brahma entsprechen. An diesem Tag durchläuft der gesamte Kosmos seinen Zyklus in stetiger Wiederholung: jedes einzelne Atom (wie wir heute sagen würden) löst sich im Wasser des Ursprungs der Ewigkeit, aus dem alles einmal entstanden ist, auf.

Die vorsokratischen Philosophen waren die Ersten, die die rationalen kosmologischen Theorien jenseits des mythologischen Kontextes entwickelten. Platon (428–348 v. Chr.) und Aristoteles entwickelten ihre eigenen Kosmologien. Im ausgehenden Mittelalter traten dann Avicenna und Nikolaus Cusanus auf.

Der muslimische Philosoph Avicenna, der zwischen den Jahren 980–1037 lebte, stellte fest, dass die Zeit ein Maß für die Bewegung sei und der Raum, der nur im menschlichen Bewusstsein existiere, von der Materie abstrahiert werden müsse.

Nikolaus Cusanus (1401–1464) schließlich entwickelte die Vorstellung, dass sämtliche Teile des Himmels, inklusive der Erde, in Bewegung sein müssten. Und damit nähern wir uns dem Zeitalter, in dem das kopernikanische System mit der Sonne im Mittelpunkt seinen Siegeszug antrat, das von Galileo Galilei (1564–1642) verteidigt wurde und dessen elliptische Planetenbahnen von Johannes Kepler (1571–1630) berechnet wurden. Schon damals theoretisierte Giordano Bruno (1548–1600), dass das Universum voll von unzähligen Sonnen und unzähligen Erden sein müsse.

Mit Beginn der Neuzeit beschäftigten sich viele Forscher und Philosophen mit den Erscheinungen und Bewegungen im Weltall, der Zahl und Position von Fixsternen, unserer Milchstraße und anderen Galaxien und deren Entstehung. Genannt seien an dieser Stelle beispielhaft Christiaan Huygens (1629–1695), Edmund Halley (1656–1742), Thomas Wright (1711–1786) und Immanuel Kant (1724–1804). Der französische Mathematiker Auguste Comte (1798–1857) spekulierte noch 1835 über die Sinnlosigkeit, den Aufbau der Fixsterne zu ermitteln. Man würde ohnehin niemals in der Lage sein, solche Annahmen zu überprüfen.

Die heutigen kosmologischen Modelle basieren auf konkreten Beobachtungen, von denen die wichtigsten sind:
- Über Entfernungen von 10^8 Lichtjahren und mehr erscheint es als homogen und isotrop.
- Sterne, Galaxien und Galaxiencluster befinden sich in Entfernungen zwischen 1 und 10^7 Lichtjahren.
- Innerhalb eines Volumenausschnitts von 10^8 Lichtjahren Seitenlänge sind in der Struktur des Universums kaum Unterschiede zu erkennen – egal, wo man diesen Ausschnitt tätigt.
- Das Universum dehnt sich aus. [1]

Diese Beobachtungen haben zunächst zu zwei konkurrierenden modernen kosmologischen Modellen geführt:
- das Steady-State-Modell und
- das schon skizzierte Urknall-Modell.

Lassen Sie uns einen kurzen Blick auf das Steady-State-Modell werfen.

Das Steady-State- oder Gleichgewichtsmodell

Das Steady-State-Modell basiert nicht auf den Erkenntnissen der Allgemeinen Relativitätstheorie und wurde in den 1940er Jahren von Fred Hoyle (1915–2001), Hermann Bondi (1919–2005) und Thomas Gold (1920–2004) formuliert. Dieses Modell geht auch von einer Expansion des Universums aus, postuliert aber eine beständige Erzeugung von neuer Materie bei der Expansion, die immer weiter fortschreitet. Dadurch wird das Universum im Gleichgewicht erhalten. Obwohl dieses Modell viele Phänomene erklären kann – allerdings nicht das Phänomen der kosmischen Hintergrundstrahlung – musste es schließlich aufgegeben werden. Es gab noch einen späteren Versuch, die Hintergrundstrahlung auf die Streuung von Licht alter Sternsysteme zurückzuführen, um die Theorie zu retten, aber die Messwerte der Hintergrundstrahlung waren damit nicht kompatibel. Die Entdeckungen von Quasaren und energiereichen Radiogalaxien stellten ein weiteres Hindernis für die Akzeptanz des Steady-State-Modells dar.

Schließlich versuchten Hoyle, Geoffrey Burbidge (1925–2010) und Jayant V. Narlikar eine letzte These, die besagte, dass neue Materie immer wieder durch eine Folge von Miniatur-Big-Bangs erzeugt würde, die von den meisten Astrophysikern jedoch ebenfalls abgelehnt wird.

Dunkle Materie und dunkle Energie

Eine wichtige Rolle in den unterschiedlichen Varianten des Urknall-Modells und bei der Entstehung von Galaxien spielt die Annahme der sogenannten Dunklen Materie. Darunter versteht man Materie, die mit den herkömmlichen spektroskopischen Methoden nicht nachgewiesen werden kann. Deshalb gibt es eine Menge Spekulationen über deren Natur. Quantitativ ist ihre Größe von Bedeutung, um z. B. die Rotationsgeschwindigkeit von Galaxien zu berechnen. Würde diese Materie nicht existieren, würden als Konsequenz die rotierenden Galaxien aufgrund ihrer Fliehkräfte auseinandergerissen.

Die Annahmen über den Anteil der Dunklen Materie an der Gesamtmaterie des Kosmos schwanken mit den unterschiedlichen kosmologischen Modellen, die dem zugrunde liegen. In manchen Modellen liegt ihr Anteil bei 80 %, und damit läge ihre Energiedichte bei 27 % des gesamten Alls. Das würde bedeuten, dass die Baryonen-Masse aus Abb. 2.1 nur einen Beitrag von etwa 5 % leisten würde.

Trotz unterschiedlicher Annahmen über ihren Anteil, herrscht bei den meisten Forschern Einigkeit über deren Verteilung im Kosmos. Man geht davon aus, dass der Anteil Dunkler Materie in der Nähe großer Massenansammlungen, wie z. B. unserer Milchstraße, größer ist als in den fast leeren Räumen.

Die Bestandteile der Dunklen Materie besitzen per definitionem keine elektromagnetische Wechselwirkung, möglicherweise unterliegen sie aber der Gravitation oder der schwachen Wechselwirkung oder beiden. Aktuell wird in unterschiedlichen Experimenten nach sogenannten WIMPS gefahndet. WIMPS steht für „Weakly Interacting Massive Particles". Dabei handelt es sich um hypothetische Teilchen, von denen man sich verspricht, dass sie die erforderlichen Eigenschaften für die Dunkle Materie besitzen. Trotz der ihnen zugeschriebenen schwachen Wechselwirkung geht man davon aus, dass sie u. U. mit Atomkernen zusammenstoßen können. Solche Zusammenstöße ließen sich nachweisen. Es existieren zwei Experimente, die einen solchen Nachweis erbringen könnten:
- Xenon und
- CRESST.

Beide Experimente werden in einem unterirdischen Labor im Gran Sasso durchgeführt. Flüssiges Xenon ist ein exzellenter Szintillator. Sollte ein Xenon-Kern von einem WIMP, von dem man annimmt, dass es hundertmal schwerer als ein Proton ist, getroffen werden, würde eine deutliche Szintillationsspur sichtbar werden. Berechnungen haben ergeben, dass solche Zusammenstöße etwa einmal in 10 Jahren in 1 kg Xenon stattfinden würden, was zu langen Beobachtungszeiträumen führt. Durch Erhöhung der gesamten Xenon-Masse in einem Tank kann auch die Reaktionswahrscheinlichkeit erhöht werden (aktuell 3500 kg).

Der Detektor CRESST (**C**ryogenic **R**are **E**vent **S**earch with **S**uperconducting **T**hermometers) soll leichtere WIMPS erfassen. Dabei werden tiefgekühlte Kristalle verwendet (nahe 0 K). Sollte eine Kollision stattfinden, fände eine geringe Temperaturerhöhung statt, die gemessen werden könnte. [5]

Neben dem Mysterium der Dunklen Masse gibt es ein weiteres: Dunkle Energie. Sie beeinflusst die Ausdehnung des Kosmos – mit welcher Beschleunigung diese stattfindet. Erstmals wurde dieser Begriff durch den Kosmologen Michael S. Turner ins Spiel gebracht. Dunkle Energie soll den gesamten Kosmos durchdringen und ist bis heute ebenfalls noch nicht nachgewiesen worden. Ohne die Annahme von Dunkler Energie würde die Ausdehnung des Kosmos durch die Gravitationskraft gebremst. Das Feld der Dunklen Energie würde dem gegenüber zu einer beschleunigten Ausdehnung führen. Dunkle Energie würde also die Ausdehnung so dominieren, dass diese für immer weitergehen würde. Die gängigen Theorien besagen, dass Dunkle Energie über einen negativen Druck zu abstoßender Gravitation führen und die Strukturbildung von Materiensammlungen beeinflussen würde. Über die Untersuchung von Supernova-Ereignissen erhofft man sich Aufschlüsse über das Wirken von Dunkler Energie, deren Existenz auf Vakuumfluktuationen, die in der Quantenfeldtheorie eine Rolle spielen, beruhen könnte. Weitere Spekulationen gründen auf die Existenz von Schwarzen Löchern, die aus Dunkler Energie bestehen sollen.

Fazit

Der gesamte Energievorrat im Kosmos ist endlich – und damit auch der geringe Anteil, der uns in unserer unmittelbaren Umgebung zur Verfügung steht. Ihm kann nichts hinzugefügt werden, und – wie im Kapitel 5 gezeigt werden wird: er kann auch nicht erneuert werden. Im Gegenteil: der uns zur Verfügung stehende Energieanteil schrumpft im Zuge beständiger Umwandlungen kontinuierlich. Das wird bei manchen Energieträgern sichtbar, z. B. Kohle oder Öl, während andere Potenziale wie Wind oder Sonnenenergie den Anschein der Unendlichkeit haben. Gemessen an der Lebensspanne des Menschen scheint dieses gerechtfertigt zu sein, physikalisch gesehen, sind diese aber trotzdem endlich: irgendwann wird die Sonne aufhören zu scheinen.

3 Der Energiebegriff in der Antike

Einleitung

In diesem Kapitel geht es um zwei Dinge:
- das Wort „Energie" und sein etymologischer Ursprung und
- das inhaltliche Verständnis der damit verbundenen physikalische Größe.

Wir schlagen einen Bogen von den Vorsokratikern, die sich mit dem Wesen von Energie beschäftigt haben, ohne sie in einen konkreten Begriff zu fassen, bis hin zu Aristoteles, der zwar das ursprüngliche Wort geprägt hat, aber inhaltlich etwas anderes meinte, als heutige Physiker. Sein Begriff lebte weiter und wurde noch von Alexander von Humboldt (1769–1859) im Sinne des großen antiken Philosophen in seinen sprachwissenschaftlichen Betrachtungen gebraucht.

Konkretisierung

Eigentlich ist es ganz einfach: das Wort „Energie" im Deutschen oder verwandte Begriffe in den anderen europäischen Sprachen leiten sich vom altgriechischen „energeia" ab. Punkt. Damit hätten wir dem etymologischen Ursprung genüge getan, und wir könnten zum nächsten Abschnitt übergehen. Aber es ist eben nicht so ganz einfach.

Sicherlich geht es zum einen um den Begriff als Wort an sich, zum anderen aber auch um dessen sich wandelnde Bedeutung und um die physikalische Größe „Energie", wie wir sie heute verstehen, und die eben nicht durch das Wort „energeia" zum Ausdruck gebracht wird. „Energeia" wurde in einem philosophischen Konzeptzusammenhang geprägt, der weit über das Materiell-Physikalische hinausgeht. Andererseits wurden tatsächliche physikalische Zustände und Vorgänge, die unserem Verständnis von „Energie" nahe kommen, durch andere Termini beschrieben. Diese wiederum befassten sich aber lediglich mit Teilaspekte des uns heute bekannten Gesamtzusammenhangs. So haben wir es sowohl mit dem Schicksal des ursprünglichen Wortbegriffs von der Antike bis über die Schwelle zur Neuzeit hinaus als auch mit den physikalisch-philosophischen Beschreibungen von der Natur zu tun. Letztere umfassen ebenfalls – wie im vorangegangenen Kapitel – kosmische Ursprünge, dann Energieumwandlungsvorgänge, und sogar Energieerhaltungskonzepte, wie wir sie erst später in der Neuzeit ausformuliert wiederfinden.

Wir werden uns – wie eingangs angekündigt – zunächst in der zeitlichen Abfolge mit den Gedanken der Vorsokratiker beschäftigen, darunter Heraklit, Empedokles, die Atomisten, Anaxagoras und insbesondere Anaximander, gefolgt von den Giganten Platon und Aristoteles. Bei Letzteren stoßen wir auf das Ringen des Verstehens von Möglichkeiten als Potenzial und Bewegung und deren Ursache – beides Konzepte, wie wir sie auch in der Moderne wiederfinden, die aber in der Antike weit über das physikalisch

https://doi.org/10.1515/9783111152554-003

Beobachtbare bis ins Geistige und in die Ethik hineinreichen und von späteren philosophischen Schulen, wie der Scholastik, rezipiert und tradiert wurden – Konzepte einer Ganzheitlichkeit der Wissenschaft vor dem neuzeitlichen Bruch zwischen Geistes- und Naturwissenschaften.

Vorsokratiker

Allgemein wird behauptet, dass die Philosophie mit ihnen angefangen hat. Wie dem auch sei: es ist unstrittig und von Bedeutung, dass sie grundlegende Probleme der Naturwissenschaft und der Philosophie aufgegriffen haben, und uns ihre Gedanken dazu erstmalig überliefert worden sind. Ihre Antworten auf viele Fragen in diesem Zusammenhang sind nicht als endgültig anzusehen, aber ihre Bedeutung liegt darin, dass ihre kritischen Denkansätze eine erste Rationalität in der Antike hervorgebracht haben, die bis heute weiterwirkt.

In der Philosophiegeschichte werden sie als „Vorsokratiker" bezeichnet – also Männer, die „vor Sokrates" gelebt und gewirkt haben. Dabei handelt es sich jedoch nicht um eine homogene Gruppe, die gleichzeitig irgendwo versammelt war. Manche waren untereinander verbunden, andere lebten weit entfernt voneinander. Für die Philosophen, die sich zu der damaligen Zeit mit solchen Fragestellungen auseinandersetzten, hat sich der konventionelle Begriff „Vorsokratiker" eingebürgert [6]. Die Vorsokratiker spielten eine wichtige Rolle in der Rezeption insbesondere durch Platon und Aristoteles. Sie lebten in der ersten Hälfte des sechsten Jahrhunderts v. Chr. auf der damals von Griechen besiedelten Westküste der heutigen Türkei, im sogenannten Ionien. Später wurden einige von ihnen auch in Unteritalien heimisch. Etwa zeitgleich lebten die bekannten jüdischen Propheten. Erst um die Mitte des fünften Jahrhunderts wird die Philosophie dann in Athen eingeführt.

Die Hinwendung zur philosophischen Betrachtung führte gleichzeitig zum Ausschluss der bis dahin vorherrschen mythologischen Welterklärungen, griff aber auch auf deren begriffliche Elemente wie Urzustand, Unbestimmtheit von Mächten etc. zurück, da sich eine philosophische Sprache noch nicht entwickelt hatte. Insofern war die Mythologie eine unentbehrliche Bedingung für das Entstehen einer philosophischen Haltung. Parallel fanden in den damaligen Gesellschaften wichtige sozio-politische und technologische Entwicklungen statt. Auch diese waren notwendige, wenn auch keine hinreichenden Bedingungen für das Entstehen der Philosophie. Und die entstand eben nicht als breite Bewegung, sondern zunächst in den Köpfen Einzelner. Trotzdem wurden in relativ kurzer Zeit neue Wege und neue Weisen des Betrachtens der Dinge eingeschlagen. Das Ganze führte sozusagen zu einer neuen Technik des Betrachtens.

Wie sind uns nun die Gedanken dieser Menschen überliefert worden? Fest steht, dass keines ihrer Werke im Original oder auch einer Abschrift vollständig erhalten worden ist. Was uns weitergegeben wurde, sind Fragmente, die zu einem viel späteren Zeitpunkt überliefert wurden, z. B. von Simplikios aus dem fünften Jahrhundert n. Chr. und auch von Sextus Empiricus aus dem zweiten Jahrhundert n. Chr. Ihre Überlieferungen bestanden aus Sammlungen von Zitaten. Hinzu kamen weitere Zeugnisse aus der antiken Fachliteratur. Dazu gehörten philosophiegeschichtliche Erkenntnisse von Aristoteles, auf dessen Überlegungen zu unserem Themenkomplex wir weiter unten noch zurückkommen werden. Weiteres Material findet sich in der „Geschichte der Naturphilosophie" von seinem Schüler Theophrast, verfasst gegen Ende des vierten Jahrhunderts v. Chr.

Die wichtigsten Vertreter der Vorsokratiker sind Anaximander, Thales (624–548 v. Chr.), Anaximenes, Pythagoras, Xenophanes (560–478 v. Chr.), Heraklit, Parmenides, Zenon (490–430 v. Chr.), Empedokles, Anaxagoras, Leukipp und Demokrit. [2]

Heraklit

Heraklit stammte aus Ephesus aus einem vornehmen Geschlecht. Er wirkte als Philosoph später als Xenophanes und zur gleichen Zeit wie Parmenides. Er entwickelte ein Prinzip des Werdens, welches sich etwa so zusammenfassen lässt: Alle Dinge befinden sich in einem ewigen Fluss; ihr Beharren ist nur Schein. Oder, nach eines seiner bekanntesten Zitate:

> In denselben Strom steigen wir hinab und steigen auch nicht hinab. Denn in denselben Strom vermag man nicht zweimal zu steigen, sondern immer zerstreut und sammelt er sich wieder, oder zugleich fließt er zu und fließt er ab. [6]

Seine Weisheit im Zusammenhang mit dem Kosmos und mit der Energie und die Umwandelbarkeit bzw. das Erhalten der Letzteren lässt sich in den folgenden drei Zitaten zusammenfassen:

> Die gegebene schöne Ordnung (Kosmos gleich „Schmuck") aller Dinge, dieselbe in allem, ist weder von einem der Götter noch von einem der Menschen geschaffen worden, sondern sie war immer, ist und wird sein: Feuer, ewig lebendig, nach Maßen entflammend und nach [denselben] Maßen erlöschend.

> Alles ist austauschbar gegen Feuer und Feuer gegen alles, wie Waren gegen Gold und Gold gegen Waren.
> Wendungen des Feuers: an erster Stelle Meer, vom Meere aber die eine Hälfte Erde, die andere Hälfte Gluthauch. [...] Meer ergießt sich nach zwei Seiten und wird zugemessen nach demselben Verhältnis, das galt, bevor Erde entstand.

> Kaltes wird warm, Warmes kühlt sich ab, Feuchtes trocknet, Trockenes wird feucht. [6]

Empedokles

Empedokles stammte aus Akragas, dem heutigen Agrigento. Er war gleichzeitig Staatsmann, Redner, Physiker, Arzt und Dichter, wurde geboren um 485 v. Chr. und verstarb 425 v. Chr. Er versuchte, das eleatische Sein mit dem heraklitischen Werden zu verbinden. Sein Grundgedanke war, dass beides, das noch nicht Gewesene und das Seiende, weder werden noch untergehen könne. Für ihn gehörten zum unvergänglichen Sein vier ewige, in sich selbstständige, nicht ableitbare, dennoch aber teilbare Urstoffe: die vier Elemente Feuer, Luft, Wasser und Erde.

Woher soll nun das Werden kommen, wenn man im Stoff selbst keine Erklärung für Veränderungen findet? Dafür stellte Empedokles dem Stoff zwei bewegende Kräfte zur Seite – eine trennende und eine anziehende Kraft. Die Bewegung wird somit durch die Wirkung dieser beiden Kräfte erzeugt. Die genannten vier Elemente aber behalten für immer ihr ewiges Sein bei. Man kann aber diese vier Elemente wieder verbinden. Man kann sie auch wieder trennen. Somit entsteht ein Zyklus von Elementarbewegungen als Zyklus von Trennung und Wiedervereinigung. [7]

Die Atomisten

Die sogenannten Atomisten Leukipp und Demokrit (ca. 460–370 v. Chr.) entwickelten einen anderen Ansatz. Sie verzichteten auf die Annahme einer Anzahl qualitativ bestimmter und unterschiedener Urstoffe und leiteten alle Erscheinungen in der Natur aus einer ursprünglich unendlichen Menge ursachloser, und damit ewiger, der Qualität nach zwar gleichartiger, der Quantität nach aber ungleichartiger Grundbestandteile ab. Diese Grundbausteine wurden von Demokrit, wegen ihrer Unteilbarkeit, „Atome" (*atomos* = griech. unteilbar) genannt. Atome sind zwar unveränderlich, unterscheiden sich jedoch auf mehrfache Weise – nach Größe, Gestalt und Schwere. Alles Werden wird nur durch lokale Veränderungen erklärt. Unterschiedliche Kombinationen der Atome führen zu einer Mannigfaltigkeit der Erscheinungswelt. Der leere Raum zwischen ihnen hält Atome in einem Abstand voneinander. Dieser leere Raum ist das Nicht-Seiende, während die Atome das Seiende darstellen. Sie werden auseinandergehalten durch den Abstand zwischen ihnen. Das ist der leere Raum.

Werden, d. h. Bewegung, entsteht durch das Anstoßen der im leeren Raum schwebenden Atome unterschiedlicher Schwere, was in der Gesamtmasse zu einem Wirbel führt und somit zu einer sich immer weiterverbreitenden Bewegung. [5]

Anaxagoras

Der Vorsokratiker Anaxagoras wurde um 500 v. Chr. in Klazomenai in Ionien geboren und verstarb etwa 428 v. Chr. in Lampsakos. Er trat die Nachfolge von Empedokles und

den Atomisten an, indem er feststellte, dass Werden und Vergehen letztendlich lediglich auf das Gemischt-Werden und Zersetzt-Werden, auf Mischung und Entmischung,
zurückzuführen sind. Für ihn sind Stoff und Kraft unterschiedliche Phänomene. Seine
eigentliche Originalität besteht darin, dass er die Natur als ein zweckmäßiges Ergebnis betrachtet, deren Zweckmäßigkeit sich aus der sie bewegenden Kraft entsteht. Im
weiteren Schluss führt ihn das zu der Vorstellung, dass es sich dabei um eine von allem Stoff gesonderte, weltbildende, nach Zwecken handelnde Intelligenz handeln muss.
Diese Intelligenz besitzt die Fähigkeit, zu denken und bewusst zweckmäßig zu handeln.
Damit legt Anaxagoras die Grundsteine des Idealismus und führt damit das Ende des
vorsokratischen Realismus herbei. Waren die Urbestandteile aller Dinge anfänglich in
unendlicher Menge vorhanden, so waren sie nunmehr durch einen alles bewegenden
Weltgeist geordnet.

Anaximander

Dann tauchte ein neuer Begriff auf, der Begriff des „natürlichen Prozesses". Thales
(624–544 v. Chr.) darf als der Wegbereiter angesehen werden. Eine erste wirkliche
Alternative zu den mythologischen Welterklärungen wurde allerdings erst durch
seinen Nachfolger Anaximander angeboten. Anaximander entwickelte die Idee vom
natürlichen Prozess weiter und wandte ihn auf den gesamten bis dahin von der mythologischen Kosmologie beherrschten Fragenkomplex an. Sein Versuch war es, den
zugrunde liegenden Prozess aus sich selbst zu erklären. Beobachtete Ereignisse sind
nicht mehr das Ergebnis geheimnisvoller Mächte, sondern das notwendige Ergebnis
von vorab gegebenen Verhältnissen. Ein großes Verdienst dieses Vorsokratikers besteht
darin, dass er den Zusammenhalt seiner Strukturen durch die begriffliche Sprache der
Mathematik zugänglich machte. Allein aus diesem Grunde weist seine Pioniertat in die
fernste Zukunft.

Von dem elementaren Kampf der Naturkräfte wissen wir nur aus einem einzigen
uns überlieferten Satz des Philosophen. Neben der Mathematik verbleiben uns weitere
Vermächtnisse dieses Mannes:
- die Unausweichlichkeit natürlicher Prozesse,
- die Entdeckung des physikalischen Zeitbegriffs, und damit zusammenhängend
- die physikalische Kausalität.

Der natürliche Prozess ist zeitgebunden. In ihm folgt eine Wirkung auf eine Ursache, die
selbst wieder Ergebnis einer anderen Ursache ist, innerhalb einer beschränkten Zeit.

Da uns komplette Textpassagen des Philosophen nicht überliefert worden sind, hier
zwei Aussagen aus verschiedenen Quellen:

Gegensätze sind Heiße, Kalte, Trockene, Feuchte usw. (Simplikios)

Die Elemente haben nämlich unter sich eine Beziehung der Gegnerschaft; die Luft z. B. ist kalt, das Wasser feucht, das Feuer heiß. Wenn einer von ihnen also unbeschränkt wäre, wären die übrigen schon lange zugrunde gegangen. Also sagen sie, das Unbeschränkte sei etwas anderes als die Elemente, woraus diese entstünden. (Aristoteles)

Dass er mit den altertümlichen Begriffen der Elemente Feuer, Wasser, Erde, und Luft operiert, muss man ihm als Kind seiner Zeit zugutehalten. Eine direkte Umsetzung auf unseren Kenntnisstand ist schwierig bis unmöglich. Gleichgewichtszustände kennen wir allerdings auch aus der Thermodynamik von zum Beispiel zunächst getrennten, dann aber zusammengeführten adiabatischen Systemen. Insofern weist seine Vermutung, dass alles auch etwas mit der Temperatur zu tun hat, in die richtige Richtung.

In typischer vorsokratischer Denkart sieht er aber gleichzeitig den Zusammenhang der Elemente mit der Bewegung des Ewigen: alles ist im Fluss. Er kommt damit teilweise auch der Chaos-Theorie nahe, die Aussagen über die kleinsten Ursachen macht, unter der Voraussetzung, dass alles zusammenhängt, und ein winziger Impuls genügt, um z. B. eine Katastrophe auszulösen.

Aristoteles und Platon

Der griechische Philosoph Aristoteles (Abb. 3.1) gilt als die überwältigende Gestalt, die sowohl die Naturphilosophie und insbesondere auch die Physik über das ausgehende Mittelalter hinaus bis in die Neuzeit hinein beeinflusst hat. Er wurde im Jahre 384 v. Chr. in Stagira in Thrakien geboren und verstarb im Jahre 322 v. Chr. in Chalkis. Er war breit aufgestellt und beschäftigte sich mit Naturphilosophie, Logik, Biologie, Physik, Ethik, Staatstheorie und der Theorie der Dichtkunst. Sein eigentliches Interesse galt dem Studium der Natur.

Seine unterschiedlichen Fragestellungen fasste er in den Rahmen eines einzigen allumfassenden Vorhabens, welches das gesamte Feld natürlicher Dinge beinhaltete, zusammen. Er stellte sein allgemeines theoretisches Rahmenwerk für dieses Vorhaben in seinem Werk *Physik* zusammen, eine Abhandlung, die zweigeteilt ist: Der erste Teil betrifft seine Fragen an die Natur (Bücher 1–4), der zweite Teil die Behandlung der Bewegung (Bücher 5–8). In diesem Werk führt Aristoteles den konzeptuellen Analyseapparat auf, stellt die Definitionen für seine fundamentalen Konzepte vor und behandelt seine grundsätzlichen Thesen über Bewegung, Ursache, Raum und Zeit. Die Wissenschaft der Physik, behauptet Aristoteles, beinhaltet fast alles, was man über die Welt wissen muss.

Aus diesem Grunde war Aristoteles tatsächlich mehr Physiker als Philosoph. Jedoch begnügte er sich mit der reinen Beschreibung des Gegebenen. Seine Bewegungslehre hatte solange Gültigkeit, bis sie von Galileo Galilei (1564–1642) und einigen seiner Zeitgenossen infrage gestellt wurde. Dahinter steckte insbesondere die Interpretation des freien Falls. Aristoteles akzeptierte die weiter oben entwickelte Theorie, nach der alle Körper aus einer Mischung der vier Elemente Erde, Wasser, Luft und Feuer bestünden.

Abb. 3.1: Aristoteles.

Dieses Verhältnis der Bestandteile eines physischen Objektes untereinander würde nach seiner Meinung dessen hierarchische Position im Kosmos festlegen. Jedes Objekt hat einen ihm spezifischen Ort, zu dem es irgendwann wieder hin migriert, wenn es zuvor durch externe Kräfte von diesem fortbewegt wurde. Zudem hätten sämtliche Körper die ursprüngliche Tendenz, zum Zentrum des Universums zu wandern. Dieses Zentrum war der Ort, in dem die Erde unbeweglich ruhte. Aus diesen Randbedingungen musste die Geschwindigkeit abgeleitet werden, mit der ein beliebiges Objekt in einem beliebigen Medium fallen würde. Also war die Bewegung eine Eigenschaft des Objekts selbst.

Nach Aristoteles bedeutet Natur ein inneres Prinzip des Werdens und Verharrens. Alles gegebene Sein ist ein aus Stoff und Form Zusammengesetztes. Es ist die Materie, die verhindert, dass das Seiende reine Form, d. h. reiner Begriff, ist; das Einzelne ist in dem Maße nicht erkennbar, in welchem es das Materielle in sich trägt. Insofern endet das aristotelische System in einen Dualismus: in den Dualismus von Stoff und Form.

Aristoteles zählt vier metaphysische Prinzipien oder Ursachen auf: Stoff, Form, bewegende Ursache, Zweck. In seiner Ursachendoktrin integriert er die Naturen von unvollendeter Wirklichkeit und Potenzialität als ultimative Ursachenbegründung. Die Erklärung für den Zustand einer Angelegenheit muss irgendeine Eigenschaft oder einen Gegenstand, der dafür verantwortlich ist, spezifizieren. Das verantwortliche Gebilde, unterbreitet Aristoteles, ist eine Ursache.

Die bewegende Ursache ist diejenige, die den Übergang der unvollendeten Wirklichkeit oder Potenzialität zur vollendeten Wirklichkeit herbeiführt. Stoff ist die Materie, wie wir sie kennen. Zum weiteren Verstehen der Bewegung und des Werdens führt er die Potenzialität ein: Nicht aus dem Nichtseienden schlechthin, sondern nur aus dem Nichtseienden der Wirklichkeit nach, d. h. aus dem Seienden dem Vermögen nach, werde etwas Mögliches. (Potenzielles) Sein ist ebenso wenig Nichtsein als Wirklichkeit. Aller Stoff wird letztendlich Form, alles Vermögen Wirklichkeit. Stoff sorgt für das Potenzial, welches durch die Form Wirklichkeit wird. Damit die Form verwirklicht werden kann, wird geeigneter Stoff benötigt. In der Bewegung des potenziell Seienden zum aktuell Seienden erhalten wir den explizierten Begriff des Werdens.

Platon, ursprünglich Aristokles, wurde im Jahre 429 v. Chr. in Athen geboren und starb dort im Jahre 347 v. Chr. Er macht einen entscheidenden Schritt gegenüber den Pythagoreern, indem er den alten pythagoreischen Gegensatz von Unbegrenztem und Grenze durch eine dritte Gattung des Seins ergänzt. Er nennt sie das „Werden zum Sein". Er setzt die Idee als ruhendes, dem Werden und der Bewegung entgegengesetztes, für sich bestehendes Sein; bei Aristoteles ist sie das ewige Produkt des Werdens, ewige Energie, d. h. Tätigkeit in vollendeter Wirklichkeit, das in jedem Augenblick durch die Bewegung des An-sich-Seienden (Potenziellen) zum Für-sich-Seienden (Actus) erreichte Ziel, nicht ein fertiges, sondern ein ewig hervorgebrachtes Sein. Die Bewegung wird hiernach als die Tätigkeit des dem Vermögen nach Seienden definiert, also als Mittleres zwischen dem potenziellen Sein und der gänzlich verwirklichten Tätigkeit; der Raum als die Möglichkeit der Bewegung, der darum die Eigenschaft unendlicher Teilbarkeit hat, potenziell, aber nicht aktuell ins Unendliche teilbar ist; die Zeit als das ebenfalls ins Unendliche teilbare, in der Zahl aussprechbare Maß der Bewegung, als die Zahl der Bewegung in Beziehung auf das Früher und Später. Diese Definition von Bewegung deutet an, dass ein solcher Prozess im Sinne einer Eigenschaft oder Zustand eines Gebildes charakterisiert werden kann, erworben als Endergebnis des Prozesses, das als die „Form" innerhalb dieses Prozesses und ursprünglich als fehlende Form benannt werden kann. Gibt es ein Potenzial dafür, dass ein einem Wechsel unterworfenes Objekt erwärmt werden kann, dann muss dieser Prozess durch eine weiteres Objekt ausgelöst werden, welches ein aktives Potenzial hat, eine solche Erwärmung zu bewirken.

Die „Aktualisierung" einer Eigenschaft kann in der Fortsetzung eines vorhergehenden kausalen Prozesses bestehen, indem sie von Aristoteles als sekundärer Actus bezeichnet werden kann, und folgt damit einem ersten erworbenen Actus. In diesem Falle bedarf die Entstehung eines sekundären Actus nicht notwendigerweise einer zusätzlichen externen wirkungsvollen Ursache. Die Operation dieses ersten Actus, durch welche er sich verstärkt und komplettiert, kann auch lediglich eine reine Erweiterung der Operation einer ursprünglichen wirkungsvollen Ursache sein. Aristoteles behauptet, dass das erste Element in einer Folge von Akten innerhalb einer Kette von effektiven Ursachen die eigentliche bewegende Ursache ist, und nicht die Zwischenglieder. Alle weiteren Änderungen hängen von Fortbewegungen ab, weil jedwede zwei Gebilde, die an einer Veränderung vermittels deren entsprechende aktive und passive Potenziale beteiligt sind, zuerst einmal in Kontakt kommen müssen, damit eine Wechselwirkung geschehen kann. Kontakt jedoch muss in der Regel durch Fortbewegung entstehen: Entweder muss ein Gebilde bewegt werden, oder der Beweger, oder beide, müssen handeln, um zusammenzutreffen.

Aristoteles bringt ein Beispiel der Wandlung von Wärme in Bewegung, wenn Körperwärme durch geeignete Reibung eines Patientenkörpers durch einen Arzt entsteht. Die Wärme in der Bewegung kann die Gegenwart eines aktiven Potenzials sein, welches in der Lage ist, Wärme im Körper hervorzurufen, ohne dass Wärme selbst Bewegung besitzt. Aber selbst, falls in so einem Übergang nicht-inhärentes Vorhandensein von Eigenschaften nicht angenommen wird, ist die Alternative, dass die Wärmebewegung in der Haut des Patienten stattfindet, verursacht durch Reibung, die dann die inneren Winkel des Körpers erreicht, und somit zu Körperwärme wird. [8]

Wir haben eben zum ersten Mal den antiken Begriff der „Energie" gelesen. Aristoteles gebrauchte „energeia" oder auch „entelecheia" im Zusammenhang mit der Bewegung und „dynamis" für das Potenzielle. Die Scholastiker übersetzten lateinisch „actus" für *energiea* und „potentia" für *dynamis*. Diese philosophische Konzeption der Urdifferenz zwischen *dynamis* und *energeia*, *potentia* und *actus*, kommt Thomas von Aquin (1225–1274) sehr entgegen. Sie ermöglicht es ihm, zwei theologischen Grundvorgaben philosophisch gerecht zu werden: Die reine Wirklichkeit, der *actus purus*, und das aus Wirklichkeit und Möglichkeit konstituierte Sein können nie in eins fallen [9]. Eine direkte Übersetzung in eine der heutigen, modernen Sprachen ist kaum möglich. Für *actus* könnten – je nach Kontext – folgende Begriffe stehen: Akt, Handlung, Aktualität, Perfektion oder Bestimmung, für *potentia* aber: Potenz, Potenzielles, Vermögen, Kraft, Energie, Leistung. Diese beiden Begriffe bezeichnen zunächst eine Art logische Ordnung, und sie sind nach dem damaligen Verständnis noch nicht mit den heutigen physikalischen Begriffen der kinetischen und potenziellen Energie zu verwechseln. Während der heutige Energiebegriff sich auf ausgeführte Arbeit bzw. die Fähigkeit, Arbeit auszuführen, bezieht, reicht die scholastische Interpretation bis in den spirituellen Bereich hinein. Die Unterscheidung zwischen *potentia* und *actus* ist die Grundlage des gesamten scholastischen Systems von Philosophie und Theologie. Alles, was bestimmbar ist, ist ein Potenzial bezogen auf eben die tatsächliche Bestimmbarkeit. Alles Seiende, ob Substanz oder Zufall, befindet sich entweder im Akt oder in der Potenz. Materielle Substanzen bestehen aus primärer Materie oder substanzieller Form, wobei Materie reine Potenz ist, d.h. gänzlich unbestimmt, und Form die ursprüngliche Bestimmung, die der Materie gegeben wird. Die effektive Ursache ist also die Anwendung von Potenzialität und Aktualität. Der Wechsel ist ein Übergang vom Zustand der Potenzialität zur Aktualität. In diesem Sinne beinhaltet der Begriff *energeia* niemals gleichzeitig die *dynamis*, also das Potenzielle. *Energeia* und *dynamis* schließen sich gegenseitig aus. [10]

„Energeia" als sprachliche Herausforderung

Energeia ist sicherlich der Ursprungsbegriff für unsere moderne Größe Energie. Als gesonderter Begriff hat er aber weiterhin ein Eigenleben in der Philosophie und insbesondere in der Sprachwissenschaft geführt und führt es heute noch. Die Wurzel von *energeia* ist *ergonó*: Tat, Arbeit oder Akt, hergeleitet aus dem Adjektiv *energon*, welches im gewöhnlichen Sprachgebrauch etwa aktiv, beschäftigt oder „bei der Arbeit" bedeutet. Nach Aristoteles bedeutet sogar das Sein – „etwas sein" – auf gewisse Weise beschäftigt zu sein. Jeder statische Zustand, der eine bestimmte Eigenschaft besitzt, kann nur als Ergebnis kontinuierlicher Bemühungen und Aufwendungen existieren – um den Zustand, so wie er ist, zu erhalten. Dann bedeutet *energeia* immer irgendetwas Bestimmtes, Spezifisches zu bearbeiten. Der Stoff oder die Organisation eines Dinges bestimmen das Potenzial für den Actus bezogen auf ein Ziel. Aristoteles sagt: „Der Akt hat ein Ziel, und tätig sein, bei der Arbeit sein, ist der Akt, und da energeia von ergon kommt, bedeutet es auch auf ein Zeil gerichtet zu sein (entelecheia)." [11] Beide Wörter hat Aristoteles aller Wahrscheinlichkeit nach selber gebildet. Auf jeden Fall unterscheiden sich die beiden Wörter hinsichtlich des Kontextes ihrer Entstehung. [12]

Wilhelm von Humboldt (1767–1835), der Begründer der modernen theoretischen und allgemeinen Sprachwissenschaft und der wichtigste Vorläufer der heutigen synchronischen und funktionellen Betrachtung der Sprachen, führt den Begriff *energeia* in seiner Abhandlung „Über die Verschiedenheit des menschlichen Sprachbaues" zur Bezeichnung von Sprache als „Tätigkeit", als „wirkende Kraft" im Unterschied zu Sprache als statischem Gebilde zurück. Sprache ist für ihn nicht ein „da liegender, in seinem Ganzen überschaubarer Stoff", sondern sie muss als ein „sich ewig erzeugender" Prozess angesehen werden; Sprache in diesem Sinn macht „von endlichen Mitteln einen unendlichen Gebrauch". Sprache ist also kein Werk, sondern eine wirkende Kraft. Sie ist nicht statisch, sondern dynamisch. Auf diese „energetische Sprachauffassung" berufen sich in Deutschland (Leo Weisgerber (1899–1985)), aber auch in Amerika (Noam Chomsky) unterschiedliche Sprachtheorien, auf die wir an dieser Stelle nicht weiter eingehen wollen.

Fazit

Begrifflich haben wir uns der Energie genähert, inhaltlich auch – aber ohne den antiken Begriff mit den antiken Inhalten konkret verbinden zu können. Die Phänomene von Energie (nach heutigem Verständnis), Kraft, Bewegung aus Werden und Sein, das Potenzielle und Veränderliche waren Gegenstand der Überlegungen frühester westlicher Philosophie – von den Vorsokratikern bis hin zu den Säulen antiken Denkens, wie Aristoteles und Platon. Es wurde auch deutlich, dass die Versuche begrifflicher Fassung weit über die materielle Substanz hinausgingen und immer auch das Geistige mit einbezogen. Diese Dichotomie setzte sich noch weit über Antike und Mittelalter fort, bis sich erst im Laufe der Neuzeit eine Konkretisierung in unserem heutigen Sinne herausbildete.

4 Der Energiebegriff bis zur Neuzeit

Einleitung

Etymologisch gesehen sind wir jetzt im Besitz der Herkunft des Energiebegriffs aus der Antike – allerdings nur als Wort. Die physikalischen Zustände und deren Änderungen mit der Zeit, die wir heute mit dem Begriff „Energie" verbinden, wurden noch viele Hundert Jahre lang durch andere Begriffe beschrieben oder angenähert, ebenso, wie das Wort „Energie" nicht die physikalische Größe bezeichnete, wie sie uns heute selbstverständlich ist.

Zunächst aber werden wir uns einer Vorläufertheorie der klassischen Bewegungslehre zuwenden: der Impetus-Theorie aus dem Spätmittelalter, von der auch noch Galileo beeinflusst war.

Das zähe Ringen um die Begriffsbildung und Verbindung zu den heute akzeptierten Energiekonzepten der Physik beanspruchte bekannte Wissenschaftsgrößen der frühen Neuzeit. In Deutschland ist hier an erster Stelle Leibniz zu nennen. In den unterschiedlichen nationalen Sprachräumen wurde der Begriff „Energie" zunächst mit unterschiedlichen Bedeutungen aufgeladen, bis schließlich Kelvin und Rankine sich zu der heute gültigen Präzisierung durchrangen. Dennoch lebte die philosophische Komponente in den Konzepten der Energetik von Ostwald noch weit ins 20. Jahrhundert weiter.

Die Impetus-Theorie

Lange, bevor die mechanischen Experimente Galileis und einiger seiner Zeitgenossen die überkommenen theoretischen Überlegungen zur Bewegungslehre aus der Antike zu prüfen begannen, beherrschte eine Bewegungslehre die Physik, die einerseits als Kritik der aristotelischen Theorie (s. Kap. 3) verstanden werden musste, andererseits aber späterer experimentellen Überprüfung nicht standhielt: die Impetus-Theorie.

Um die mittelalterliche Dynamik zu beschreiben, haben Wissenschaftler das Mittelalter in Abschnitte unterteilt. Man redet von Hoch- oder Spätmittelalter, frühes Mittelalter oder frühe Renaissance. Der Zeitraum zwischen dem 14. und 15. Jahrhundert heißt im deutschen und angelsächsischen Kontext Spätmittelalter. Letzteres war auch die Hochzeit der Impetus-Theorie, deren bedeutendste Vertreter Johannes Buridan, Albert von Rickmersdorf, Nikolaus von Oresme und Marsilius von Inghen sind.

Johannes Buridan, ein Physiker und scholastischer Philosoph, Schüler von Wilhelm von Ockham (1288–1347), wurde um 1300 wahrscheinlich in Arras geboren. Er lehrte an der Universität von Paris, deren Rektor er 1340 wurde. Er starb nach 1358.

Der Mathematiker Albert von Rickmersdorf, auch als Albert von Sachsen bekannt, wurde in Rickmersdorf im Jahre 1316 geboren. Nach seinem Studium in Prag und Paris lehrte er ebenfalls an der Pariser Universität und wurde im Jahre 1353 Rektor der

https://doi.org/10.1515/9783111152554-004

Sorbonne Universität, im Jahre 1365 Rektor der Universität Wien, 1366 Bischof von Halberstadt, in dessen Dom er auch im Jahre 1390 nach seinem Tode begraben wurde.

Nikolaus von Oresme (Abb. 4.1), Naturwissenschaftler und Philosoph, wurde um 1330 in der Normandie geboren. Nach einer theologischen Karriere, während er Leiter des Kollegs von Navarra wurde, später Dekan, dann Kanonikus an der Kathedrale von Rouen, wurde er im Jahre 1377 Bischof von Lisieux. Er starb im Jahre 1382. Oresme setzte sich kritisch mit den Schriften des Aristoteles auseinander, die er auch ins Französische übersetzte.

Der Theologe Marsilius von Inghen wurde um 1340 in der Nähe von Niemwegen in Gelderland geboren, wurde Magister, später Rektor an der Universität von Paris und dann an der Universität von Heidelberg, wo er auch im Jahre 1396 starb.

Abb. 4.1: Nikolaus von Orsme; Mittelalterliche Miniatur.

„Impetus" leitet sich vom lateinischen Wort für Anstoß, Triebkraft oder Impuls her. Gemeint ist mit Impetus eine Ursache, also nach heutigem Verständnis eine Art Kraft, die auf einen zu bewegenden Körper übertragen wird und weiter wirkt, damit er in seiner ausgelösten Bewegung verharrt. Schon früh wurden erste Grundlagen der Impetus-Theorie durch den griechischen Gelehrten Johannes Philoponos (490–570) gelegt, die dann im 14. Jahrhundert von dem Franziskaner Franz von Marchia (1285–1344) weiterentwickelt wurden. Ihre endgültige Form erhielt sie von Johannes Buridan.

Der erste Anstoß für die Bewegung eines Körpers erfolgt demnach durch die Bewegung eines anderen Körpers. Diese Erklärung versagt jedoch z. B. beim Abfeuern eines Geschosses. Jetzt kommt der Impetus ins Spiel, der dem abgefeuerten Geschoss aufgeprägt wird. Die Verlangsamung des Objektes wird durch die stetige Abnahme des Impetus erklärt, bis – nach Avicenna (980–1037) – der Impetus vollständig aufgebraucht ist, und das Geschoss zu Boden fällt. Albert von Rickmersdorf schließlich verfeinerte diese Theorie, indem er die Geschossbewegung in drei Phasen unterteilte: hoher Impetus, der die Schwere des Körpers überwiegt, danach eine bogenförmige Flugbahn ähnlich einer ballistischen mit abnehmendem Impetus, und schließlich der senkrechte Fall. Noch in Galileis Schriften über die Mechanik sind Elemente dieser Theorie zu finden. Erst Isaac Newton (1642–1726) ersetzte diesen Begriff durch die Kraft der Trägheit, dessen Prinzip von Pierre Gassendi (1592–1655) experimentell bewiesen worden war. Später floss er in die kinetische Energie ein. [13]

Die Präzisierung des Begriffs

Während im Englischen die physikalische Arbeit ('work') von der ökonomischen ('labour') klar unterschieden ist, ermöglichen die gleichlautenden Termini im Deutschen und im Französischen (*travail, travail d'une force*) Übertragungen zwischen beiden Begriffen. Nachdem der Begriff „Energie" aus dem französischen und englischen Kontext durch Entlehnung vom französischen Substantiv „énergie" auch ins Deutsche übergegangen war, wurde er noch in einem Konversationslexikon aus dem Jahre 1898 folgendermaßen definiert:

> **Energie** (grch.), in sittlicher Bedeutung so viel wie Willenskraft, Tatkraft, d. h. die Fähigkeit, seinen Willen auch mit der Tat zu beweisen. Davon energisch, tatkräftig. In physikalischer und technischer Hinsicht heißt E. die Fähigkeit eines Körpers, eine mechan. Arbeit (s. o.) zu leisten; sie lässt sich also kurz als Arbeits- oder Wirkungsfähigkeit der Körper bezeichnen. Die E. ist entweder kinetische E. (Bewegungsenergie) oder potenzielle E. (E. der Lage oder Anordnung).

Bis Mitte des 19. Jahrhunderts war das Wort in anderen Konversationslexika nicht zu finden. Dennoch hatte die Begriffsbildung selbst, wie bereits weiter oben berichtet, bereits Ende des 17. Jahrhunderts begonnen (über den Energieerhaltungssatz werden wir im folgenden Kapitel 5 mehr erfahren). Erst nach der Mitte des 19. Jahrhunderts werden mithilfe der Energiegröße einzelne Gebiete der Physik miteinander verbunden. Im Energiebegriff sammelt sich ingenieurstechnisches, physiologisches, chemisches, physikalisches und ökonomisches Wissen der Zeit.

Gottfried Wilhelm von Leibniz

Leibniz, der als der letzte Universalgelehrte gilt, hat im Jahre 1686 Vorstellungen entwickelt, die unseren heutigen Begriffen von kinetischer und potenzieller mechanischer Energie weitgehend entsprechen.

Wenn er allerdings davon spricht, dann fehlt bei ihm der gesamte Aspekt der Energieumwandlung. Was die Erhaltung der Energie betrifft, so folgt aus seinem Verständnis, dass in seinem Universum von Körpern diese nicht miteinander kommunizieren. Daraus folgert er, dass es in sich immer dieselbe Kraft enthält.

Der Philosoph, Mathematiker, Jurist und Historiker Gottfried Wilhelm Leibniz wurde im Jahre 1646 in Leipzig als Sohn eines Juristen aus dem Erzgebirge und der Tochter eines Juraprofessors geboren und lutherisch getauft. Schon als Achtjähriger brachte er sich selbst die lateinische und griechische Sprache bei. Er besuchte die Nikolaischule in Leipzig von 1655 bis 1661 und immatrikulierte sich schon mit 15 Jahren an der dortigen Universität, wo er Philosophie studierte, bevor er zwei Jahre später an die Universität in Jena wechselte und sich mit Mathematik und verwandten Fächern beschäftigte. Mit 19 Jahren veröffentlichte er sein erstes Buch „De Arte Combinatoria" (Über die Kunst der Kombinatorik), welches unter anderem auch seine Dissertation enthielt. Aus Altersgründen wurde aber seine Promotion abgelehnt. Diese holte er an der Universität Altdorf in Nürnberg nach.

Bis zum Jahre 1672 stand er im Dienst des Mainzer Erzbischofs Johann Philipp von Schönborn (1605–1673), wo er bis zum Rat am kurfürstlichen Oberrevisionsgericht avancierte, und war an einer Reform des römischen Rechts beteiligt. Während dieser Zeit erschienen zwei seiner ersten physikalischen Traktate. Nach diesen Tätigkeiten folgten ausgedehnte Reisen nach Paris und London. So führte er 1673 seine Rechenmaschine mit Staffelwalze der Royal Society in London vor, worauf er auswärtiges Mitglied wurde, ebenso der Académie des sciences in Paris.

Im Jahre 1676 wurde er Bibliothekar des Herzogs Johann Friedrich (1625–1679) in Hannover und wurde dort zwei Jahre später Hofrat. 1691 erwarb er die Bibliothekarsstelle für Herzog Ernst August (1629–1698) in Wolfenbüttel. Im Jahre 1702 wurde er der erste Präsident der Königlich-Preußischen Akademie der Wissenschaften und 1713 wurde er vom Kaiser zum Reichshofrat ernannt. Leibniz blieb bis zu seinem Tode 1716 in Hannover, wo er mit 70 Jahren starb und in der St. Johannis Stadtkirche bestattet wurde. Auf seinem Sarg wurde ein Ornament gelegt, bestehend aus einer Eins innerhalb einer Null mit der Inschrift OMNIA AD UNUM (etwa: „Alles bezieht sich auf das Eine" oder „Ohne Gott ist nichts"). Die Eins und die Null waren Bestandteile des von Leibniz entwickelten Binärsystems – in theologischer Deutung: 1 steht für Gott, 0 für das Nichts.

Wie bereits zu Anfang dieses Abschnitts erwähnt, gilt Leibniz als einer der letzten Universalgelehrten und Verteidiger des aufklärerischen Vernunftgedankens. Seine Interessensgebiete erstreckten sich auf die Philosophie, die Mathematik, das Ingenieurwesen inklusive Bergbau, die Medizin bis hin zur Sprachwissenschaft, die sich in mehr als 40.000 Schriften niederschlugen. Als bleibende Errungenschaften sind zu nennen:

- das Binärsystem,
- die Infinitesimalrechnung,
- Matrizenrechnung,
- Erfindung der Staffelwalze.

Das von ihm entwickelte binäre Zahlensystem bildet heute noch die Grundlage für die Computer basierende Maschinensprache. Bzgl. der Infinitesimalrechnung ergab sich ein Prioritätenstreit zwischen Leibniz und Isaac Newton, in welchem sich beide gegenseitig des Plagiats beschuldigten. Die eigentliche Ursache lag in Newtons später Veröffentlichung seiner Ergebnisse. Heute besteht Einigkeit darüber, dass beide unabhängig zu ihren Erkenntnissen gekommen waren. Im Rahmen seiner Überlegungen zur Matrizenrechnung fand Leibniz eine nach ihm benannte Formel zur Berechnung der Determinante für eine „$n \times n$"-Matrix. Seine Staffelwalzentechnologie bewährte sich über 200 Jahre als Grundlage mechanischer Rechenmaschinen.

Seine eigentliche Promotion – im Gegensatz der ursprünglich vorgesehenen wie oben erwähnt – erfolgte auf Basis seiner Arbeit „De casibus perplexis" zum Dr. jur. Im Rahmen seines Amtes als Revisionsrat am Oberappellationsgericht in Mainz und später in Hannover als Hofrat verfasste er mehrere bedeutende juristische Werke, u. a. auch zum Souveränitätsproblem zwischen den deutschen und europäischen Einzelstaaten. Weiterhin befasste er sich mit der empirischen Psychologie (obwohl unter anderen Fachtermini) und mit Fragen der Vor- und Frühgeschichte im Rahmen der Erforschung germanischer Sprachen. Und schließlich beteiligte er sich auch an paläontologischen Diskussionen.

In seinen philosophischen Überlegungen vertrat er die Lehre von den angeborenen Ideen in dem Sinne, dass sie zwar nicht explizit und in bewusster Weise im Geiste vorhanden wären, sondern dass sie lediglich potenziell existierten, sozusagen virtuell als Anlage. Der Geist hat nun die Fähigkeit, sie aus sich heraus zu erzeugen.

Alle Gedanken sind angeboren. Sie kommen nicht von außen, sondern werden vom Geist aus sich selbst produziert, können sozusagen abgerufen werden. Eine äußere Einwirkung auf den Geist findet nicht statt; das betrifft auch die sinnlichen Empfindungen.

Leibniz unterscheidet bei den angeborenen Ideen zwei wichtige Prinzipien, die wesentlich sind für alles Erkennen und vernunftmäßiges Begreifen ermöglichen: den Satz des Widerspruchs und den Satz des zureichenden Grundes. Ein weiterer wichtiger Satz ergibt, dass es in der Natur nicht zwei Dinge gibt, die einander völlig gleich wären. [7]

Seine Monadentheorie versuchte, den Dualismus zwischen Geist und Materie zu lösen, seine Begriffslehre die Rückführung aller Begriffe auf eine Art atomarer Wortkonzepte. Weiterhin beschäftigte er sich mit der Theodizee und dem freien Willen.

Es erübrigt sich an dieser Stelle, auf die vielen Ehrungen, Namensgebungen und Gedenkstätten hinzuweisen, die mit seinem Namen verbunden sind.

Antoine Laurent de Lavoisier

Das Prinzip der Erhaltung der Energie spielte eine Rolle bei Lavoisiers Ablösung der Phlogistontheorie durch das Gesetz der Massenerhaltung. Georg Stahl (1659–1734) hatte diese Theorie entwickelt, nach der bei einer Verbrennung die hypothetische Substanz Phlogiston einweicht, bzw. bei der Erwärmung in einen Körper eindringt. Diese Theorie war einer der Grundlagen der Chemie bis etwa 1775, nach dem der Sauerstoff durch Joseph Priestly (1733–1804) entdeckt worden war. Lavoisier entwickelte eine Verbrennungstheorie mit Sauerstoff als Teil der chemischen Reaktion. Er bestätigte seine Vermutungen durch Wägungen vor und nach chemischen Reaktionen, indem er dafür den Massenerhaltungssatz unterstellte und formulierte und in einem Lehrbuch im Jahre 1789 veröffentlichte. Dort heißt es:

> Nichts wird bei den Operationen künstlicher oder natürlicher Art geschaffen, und es kann als Prinzip angesehen werden, dass bei jeder Operation eine gleiche Quantität Materie vor und nach der Operation existiert.

Bei seinen Überlegungen zum Sauerstoffverbrauch durch menschliche Tätigkeiten kam ihm der Begriff der Arbeit („travail") in den Sinn. Er verglich solche Beschäftigungen wie Rede halten, Musizieren, Philosophieren oder Bücher schreiben, die ja alle mit Arbeit verbunden sind, mit dem Äquivalent von Arbeit, die erforderlich ist, um z. B. ein Gewicht anzuheben. Ein entscheidendes Hindernis auf dem Weg zum eigentlichen Energieerhaltungssatz bestand in der Einbeziehung eines unwägbaren materiellen Wärmestoffs („calorique") in seine Theorie.

Antoine Laurent de Lavoisier, Chemiker, Rechtsanwalt und Ökonom, im Jahre 1743 in Paris geboren, wird zu den Begründern der modernen Chemie gezählt. Sowohl sein Vater als auch sein Großvater mütterlicherseits waren Rechtsanwälte. Den Adelstitel erbte er von seinem Vater, der ihn käuflich erworben hatte. Ab 1754 studierte er am Collège Mazarin klassische Sprachen und Naturwissenschaften, ab 1761 Jura, wobei er 1764 promovierte.

Sein frühes Interesse galt der Geologie, seine erste Arbeit war eine Abhandlung über Gips im Jahre 1765 mit 22 Jahren. Weitere geologische Forschungsergebnisse veröffentlichte er erst später im Jahre 1788. Inzwischen beschäftigte er sich mit der Analyse von Mineralwasser und Salzen, wozu er ein neues Hydrometer zur Bestimmung des spezifischen Gewichts entwickelte. 1768 wurde er stellvertretendes Mitglied der Académie des sciences, und im selben Jahr der Organisation der Hauptzollpächter, deren Aufgabe es war, den Schmuggel zu unterbinden. Das aus der letzteren Tätigkeit erwachsende Vermögen setzte er für seine Forschungsarbeiten ein. 1772 veröffentlichte er sein Experimentalergebnis, dass ein Diamant aus Kohlenstoff besteht. Seinen Beitrag zur Phlogiston-Diskussion und zur Oxidation haben wir bereits weiter oben erwähnt.

Im Jahre 1771 heiratet er die 13-jährige Marie Anne Pierrette Paulze, die Tochter seines Vorgesetzten. In der Wohnung, die das Paar von Lavoisiers Schwiegervater geschenkt bekam, richteten sie ein Laboratorium ein, und hier verfasste er auch sein Hauptwerk „Traité de la chimie". Zu seinen Gästen, denen er seine Experimente vorführte, gehörten u. a. Benjamin Franklin (1706–1790), Arthur Young (1741–1820) und James Watt. Zusammen mit Louis Bernard Guyton de Morveau (1737–1816), Claude-Louis Berthollet (1748–1822) und Antoine Francois de Fourcroy (1755–1809) entwickelte Lavoisier eine Nomenklatur der Chemie, in der u. a. alte Bezeichnungen der Alchimie ersetzt wurden. Nachdem Henry Cavendish (1731–1810) den Wasserstoff entdeckt hatte, wies Lavoisier 1783 die Synthese von Wasserstoff und Sauerstoff zu Wasser nach. Weitere spätere Untersuchungen, teilweise unter Beteiligung von Pierre-Simon Laplace (1749–1827), beschäftigten sich mit der Wärmetheorie und der Physiologie der Atmung.

Im Jahre 1775 war er einer der drei Inspektoren der Schießpulverfabrikation geworden, 1784 wurde er Direktor der Académie. Da er wohlhabend geworden war, wurde er im Zuge der Französischen Revolution von Anfang an mit Misstrauen verfolgt. Zudem hatte er sich den Arzt und Revolutionär Jean Paul Marat (1743–1793) zum Feind gemacht, nachdem er dessen Schrift über Verbrennung kritisiert hatte. Schließlich kam es für ihn und für weitere 28 ehemalige Mitglieder der Zollpächterorganisation zum Schauprozess wegen vorgeblichen Rechnungsbetrugs und zur Verurteilung. Lavoisier wurde am 8. Mai 1794 durch die Guillotine hingerichtet, und sein Leichnam wurde in einem Massengrab verscharrt. Nach seiner Rehabilitierung, die im Jahre 1895 begann, wurden ihm zahlreiche Ehrungen und Benennungen zuteil, u. a. auch die Inschrift seines Namens auf dem Eiffelturm.

Auf dem Weg zum physikalischen Begriff

Einer der Ersten, die eine genaue Definition für die kinetische Energie und für die mechanische Arbeit entwickelte, war Gaspard Gustave de Coriolis (1792–1843), ein französischer Mathematiker und Physiker. Nach ihm ist auch die Coriolis-Kraft benannt, obwohl diese bereits vorher durch Laplace (1749–1827) entdeckt worden war. Die Coriolis-Kraft ist eine Trägheitskraft in einem rotierenden System, die für die Ablenkung eines Massenpunktes verantwortlich ist, wenn dieser sich nicht parallel zur Rotationsachse bewegt. Sie spielt auf der Erde eine große Rolle in der Meteorologie bei der Bildung von Wind- und Meeresströmungsgebieten.

Nach dem Besuch der École polytechnique arbeitete er an dieser Schule als Tutor weiter, wo er auch seine Studien zu der nach ihm benannten Kraft und zur Energie betreiben konnte. Im Jahre 1828 definierte er zusammen mit Jean-Victor Poncelet (1788–1867), einem Mathematiker, Ingenieur und Physiker, den Begriff „Arbeit" als Äquivalent für Energie. Er wurde Mitglied der Académie des sciences, und sein Name wurde später zusammen mit anderen Größen der Wissenschaft auf dem Eiffelturm verewigt.

Poncelet gilt als der Begründer der projektiven Geometrie. Er studierte ebenfalls an der École polytechnique. Nach einem dramatischen Russlandabenteuer unter Napoleon kehrte er aus der Gefangenschaft 1814 nach Frankreich zurück. Während dieser Gefangenschaft entwickelte er die projektive Geometrie. Danach arbeitete er als Ingenieur auf der Festung Metz und später als Professor für Mechanik, u. a. auch an der Sorbonne, und beschäftigte sich mit der Optimierung von Turbinen und Wasserrädern. In seinem Buch „Introduction a la mécanique industrielle" führte er im Jahre 1829 den Begriff Arbeit als Produkt von Kraft mal Weg, wie er noch heute gebräuchlich ist, ein. Auf seinem weiteren Lebensweg wurde er Kommandeur der École polytechnique und Oberkommandierender der Nationalgarde, bevor er 1850 in den Ruhestand trat, aus dem er die Weltausstellung in London mit vorbereitete. Er war Mitglied der Preußischen Akademie der Wissenschaften, der französischen Académie des sciences, der Royal Society, der Russischen Akademie der Wissenschaften und der American Academy of Arts and Sciences. Sein Name wurde ebenfalls auf dem Eiffelturm verewigt.

Der eigentliche Begriff „Energie" wurde allerdings von Lord Kelvin und William Rankine um 1850 vorgeschlagen, um diese physikalische Größe von der newtonschen „Kraft" oder dem gängigen Begriff „lebendige Kraft" zu unterscheiden, nachdem ein erster Ansatz von Thomas Young (1773–1829) im Jahre 1800 sich nicht durchgesetzt hatte.

Der schottische Physiker und Ingenieur William John Macquorn Rankine wurde 1820 in Edinburgh geboren. Nach privater Erziehung in seinem Elternhaus studierte er später an der Universität in Edinburgh, die er allerdings ohne Abschluss verlies. Er widmete sich dem Bauingenieurwesen und hatte in dieser Eigenschaft den Regius Lehrstuhl für Bauingenieurwesen und Mechanik in Glasgow inne, bevor er das Institut für Bauingenieure in Schottland gründete, dessen erster Präsident er bis 1870 war. Zwei Jahre später, 1872, starb er in Glasgow. Rankine gilt als Mitbegründer der modernen Thermodynamik. In diesem Zusammenhang führte er auch den Begriff Energie in seinen Arbeiten ein und ersetzte die bis dahin gebräuchliche Größe „lebendige Kraft". Er brachte den Terminus in „On the general Law of the transformations of energy" (1853) zur allgemeinen Verbreitung. „Energie" präzisierte den Begriff der Kraft, der bis dahin im Sinne Newtons sowohl für die zeitliche Änderung des Impulses wie auch zur Bezeichnung von Wärme und Energie in den unterschiedlichsten Formen genutzt wurde. Während seines Lebens erhielt er zahlreiche Ehrungen und wurde zum Mitglied in mehreren europäischen Akademien berufen.

Lord Kelvin

Lord Kelvin (Abb. 4.2) oder William Thomson, 1. Baron Kelvin, wurde am 26. Juni 1824 in Belfast geboren.

Sein Vater war Professor für Mathematik an der Universität von Belfast, später an der Universität von Glasgow. Er wurde presbyterianisch erzogen. Er studierte Astronomie, Chemie und Physik an der Glasgow University ab 1834. Im Jahre 1839 ging er für ein Jahr nach Paris, um ab 1841 dann in Cambridge zu studieren. Nach seinem erfolgreichen Bachelorexamen ging er 1845 zurück nach Paris, bevor er schließlich 1846 den Lehrstuhl für Natural Philosophy in Glasgow erhielt, den er bis 1899 innehatte. Er starb

Abb. 4.2: Statue von Lord Kelvin vor der Universität von Glasgow.

1907 in Largs, Vereinigtes Königreich. Beigesetzt wurde er in der Westminster Abbey neben Isaac Newton. Seine Hauptinteressensgebiete waren die Elektrizitätslehre und die Thermodynamik.

Nach ihm wurde die absolute Temperaturskala benannt, die er im Alter von 24 Jahren vorschlug. Die Einheitendifferenz auf der Kelvin-Skala entspricht derjenigen der Celsius-Skala. Der Nullpunkt der Kelvin-Skala – und damit der physikalisch absolute Nullpunkt überhaupt – liegt bei 273,15 °C. Das bedeutet, dass 0 °C einem Wert von 273,15 K entspricht.

Lord Kelvin leistete grundlegende Beiträge zu Thermodynamik, insbesondere zur Wärmetheorie, aber auch zur Hydrodynamik in Zusammenarbeit mit George Stokes (1819–1903) sowie zum Elektromagnetismus, mit denen er James Clerk Maxwell (1831–1879) beeinflusste. Insgesamt veröffentlichte er mehr als 600 wissenschaftliche Arbeiten. Seine Vorstellung vom Energiekonzept, in der die Kraft nur eine abgeleitete Größe war, stellte er in dem Lehrbuch „Treatise on Natural Philosophy" vor, das er zusammen mit Peter Tait (1831–1901) im Jahre 1867 veröffentlichte. Schon 1851 hatte er vorgeschlagen, den Begriff „mechanical work" durch „mechanical energy" zu ersetzen.

Kelvin war auch in den Ingenieurwissenschaften aktiv. Er verbesserte die Mehrfachtelegraphie, entwickelte eine Gezeitenrechenmaschine und war an der Verlegung der Tiefseetelegraphenkabel beteiligt. Zuletzt erfand er eine Lotmaschine zur Bestimmung der Wassertiefe. Weitere Erfindungen, die sich in mehr als 70 Patenten niederschlugen, betrafen den Trockenkompass, ein Spiegel-Galvanometer und das Quadranten-Elektrometer.

Mit seinen Ansichten zur Evolutionstheorie, dem Alter der Erde und ihrer Erwärmung, der Ablehnung der Radioaktivität und der frühen Atommodelle, über die statistische Mechanik sowie der Erklärung des gescheiterten Michelson-Morley-Äther-Experiments lag er allerdings falsch, gemessen an dem heutigen Wissensstand.

Seine Ehrungen, die er zeit seines Lebens erfuhr, sind zu vielfältig, um sie an dieser Stelle zu wiederholen. Erwähnt seien die Erhebung von William Thomson in den Adelsstand im Jahre 1892 zum Baron Kelvin of Largs in the County of Ayr, nachdem er bereits 1866 zum Ritter geschlagen worden war.

Energetik

Man sollte meinen, dass nach der physikalischen Klärung die etymologische Herkunft unseres Energie-Begriffs endgültig abgeschlossen war. Dem ist aber nicht so. „Energeia" existierte in der Diskussion unter dem Begriff „Energetik" auch im philosophischen Rahmen weiter. Geprägt wurde der Begriff von Wilhelm Ostwald (1853–1932). Indem dieser nicht die Materie, sondern die Energie zum letzten Realitätsbegriff erhob, kann er als Vorbereiter der Speziellen Relativitätstheorie angesehen werden. Er machte sich aber dadurch in seiner alten Heimat Riga, das damals zu Russland gehörte, die Anhänger des Marxismus zu Feinden. So bezeichnete Lenin (1870–1924) noch unter seinem bürgerlichen Namen Uljanow ihn als „großen Chemiker und kleinen Philosophen". [16]

Energetik steht für eine philosophische Auffassung, die an der Wende des 20. Jahrhunderts einen nicht-materialistischen und nicht-spiritualistischen Monismus und damit sowohl materielle als auch spirituelle Vorgänge zu erklären versucht. Nach dem Ersten Weltkrieg tauchten seine Thesen in der Philosophie kaum noch auf.

Der Chemiker, Philosoph und Soziologe Friedrich Wilhelm Ostwald wurde 1853 in Riga geboren und starb 1932 in Leipzig. Er gilt als einer der Begründer der physikalischen Chemie und lehrte an der Universität von Dorpat, später am Polytechnikum in Riga, dann an der Universität in Leipzig und schließlich 1905 und 1906 in Harvard, bevor er sich als freier Forscher zurückzog. Mit seiner energetischen Theorie versuchte er, den wissenschaftlichen Materialismus zu überwinden. Er lehnte die Atomtheorie ab und führte im Rahmen seiner Philosophie, die er als „Energetik" bezeichnete, alles Geschehen auf Veränderungen von Energie zurück, womit er sich im Konflikt mit der damals vorherrschenden Wissenschaft befand. Er war der Überzeugung, dass die Entropie – von der im folgenden Kapitel noch die Rede sein wird – zur endgültigen „Dissipation" oder Zerstreuung aller Energie im Raum führen würde, woraus er die Forderung ableitete, Energie nicht zu vergeuden, sondern sie zu verwerten, d. h. effizient umzuwandeln, um so den endgültigen Wärmetod der Welt zu verzögern. Im Jahre 1909 erhielt er den Nobelpreis für Chemie für seine Arbeiten über die Katalyse. Ostwald verfasste eine große Anzahl von Chemielehrbücher. Ferner beschäftigte er sich mit der Farblehre, der Wissenschaftsorganisation, der Förderung der Kunstsprache Esperanto, und engagierte sich auch politisch auf unterschiedlichen Feldern. Er wurde Mitglied zahlreicher Akademien der Wissenschaft im In- und Ausland. Er starb 1932 in Leipzig.

Zu den Unterstützern der Energetik-Theorie von Ostwald gehörte sein Schüler, der Mathematiker Georg Ferdinand Helm (1851–1923).

Fazit

Es war ein langer, komplizierter Weg von der antiken Begrifflichkeit bis zum modernen Konzept der Energie. Eingeflossen sind zunächst theoretische Konzepte des Wirklichkeitsverständnisses der jeweiligen Zeit, was insbesondere in der Impetus-Theorie deutlich wird, später dann aber Erfahrungswerte, die auf experimentellen Beobachtungen beruhten. Allerdings spielten bis auf die Massenerhaltung Überlegungen über Energieformen und deren Umwandlungen direkt zunächst keine Rolle. Zusammenhänge zwischen unterschiedlichen Erscheinungen in unterschiedlichen Betrachtungskontexten harrten noch der weiteren konzeptionellen Entwicklung, aber auch diese grundlegenden Erkenntnisse, die im folgenden Kapitel die Hauptrolle spielen, wurden zunächst noch ohne den präzisen Begriff „Energie" von heute formuliert.

5 Robert Julius Mayer und die Folgen

Einleitung

In diesem Kapitel kommen wir zum Dreh- und Angelpunkt der Energiegeschichte – dem ersten Hauptsatz, in den alle Vorüberlegungen letztlich einmündeten, und ab dem alles Weitere auf diesem Themenfeld Bezug nehmen wird. Verbunden mit der ersten Formulierung dieses Grundsatzes der Physik ist das tragische Leben seines Entdeckers: Robert Julius Mayer, der lange um seine Anerkennung kämpfen musste und sich in einem hässlichen Prioritätenstreit, an dem einige der namhaftesten Gelehrten der damaligen Zeit beteiligt waren, aufrieb. An dieser Stelle bleibt ein kurzer physikalischer Exkurs unumgänglich, ebenso wie bei der Behandlung des II. Hauptsatzes durch Rudolf Clausius.

Schelling

Friedrich Wilhelm Josef Schelling wurde am 27. Januar 1775 in Leonberg geboren und starb am 20. August 1854 in Ragaz.

Interessant in unserem Zusammenhang ist Schellings Definition der Vernunft. Er spricht von absoluter Vernunft, wenn sie als totale Aufhebung der Differenz des Subjektiven und des Objektiven gedacht wird. Das erfordert zunächst eine Abstraktion vom denkenden Subjekt selbst. Dann hört die Vernunft auf, etwas Subjektives zu sein. Andererseits kann sie aber auch nicht als etwas Objektives gedacht werden, da das Objektive dem Denkenden entgegengesetzt ist. Durch diese Abstraktion wird die Vernunft zum An-sich. Die Erkenntnis der Vernunft ist eine Erkenntnis der Dinge, wie sie eigentlich sind. Ziel des Denkens muss sein, alle Unterschiede, die die Einbildung in das Denken einmischt, aufzuheben und in den Dingen nur das zu sehen, wodurch sie die Vernunft ausdrücken. Außer der Vernunft ist nichts und in ihr ist Alles. Alle Argumentationen dagegen rühren nur daher, dass man die Dinge nicht so, wie sie in der Vernunft sind, sieht, sondern so wie sie erscheinen, wie man es gewohnt ist. Dadurch wird die Differenz zwischen Idealität und Realität aufgehoben, und im letzten Grund des Wissens fallen das Denken und das Sein zusammen. [7]

In „Über die Weltseele" (1798) nimmt Schelling die Welt als Einheit und Widerstreit einer stabilen und unzerstörbaren positiven und negativen Kraft an. Sein Stufenbau vom Niederen zum Höheren (Licht, Magnetismus, Elektrizität, Chemismus, Organismen) erscheint geradezu wie ein Forschungsprogramm für Prozesse der Umwandlung. [14]

https://doi.org/10.1515/9783111152554-005

Prioritäten

Julius Robert von Mayer (Abb. 5.1) wurde am 25. November 1814 in Heilbronn geboren. Sein Vater Christian betrieb die Apotheke „Zur Rose" in diesem Ort. Im Laufe seiner Erziehung besuchte er ab seinem vierzehnten Lebensjahre als Hospitant das evangelisch-theologische Seminar des Klosters Schöntal, wo er im Jahre 1832 die Reifeprüfung bestand. Anschließend studierte er Medizin an der Universität Tübingen, wo er 1838 promovierte. Während seines Studiums schloss er sich der verbotenen Studentenverbindung Corps Guestphalia an, was ihm eine einjährige Suspendierung von den Studien einbrachte.

Im Alter von 26 Jahren im Februar 1840 lief der Viermaster „Java", ein Schiff der Reederei Jan Kampenbrok, beladen mit Teer und Ziegelsteinen und 25 Mann Besatzung, von denen nur ein einziges Mitglied Deutsch sprach, von Rotterdam Richtung Batavia aus. Batavia war zu der Zeit die Hauptstadt Niederländisch-Indiens. Nach der Unabhängigkeit Indonesiens wurde es unter dem Namen Jakarta Hauptstadt.

Abb. 5.1: Robert Mayer von Friedrich Berrer.

Die Schiffsreise ging zunächst an England vorbei in den Golf von Biskaya weiter nach Süden, die Küste Afrikas entlang und erreichte nach knapp 70 Tagen das Kap der Guten Hoffnung – alles in allem eine für den Schiffsarzt eher langweilige Reise mit wenigen Routinearbeiten zu erledigen. Er verbrachte seine Zeit mit Beobachtungen: in der Nähe des Äquators Meeresleuchten, Erwärmung des Seewassers bei Sturm. Im Juli zu Pfingsten landete die Java in Batavia. Dann kam es zu einem Krankheitsausbruch an Bord. Zu weiteren Untersuchungen sah Mayer sich zu Blutabnahmen (Aderlass) bei erkrankten Matrosen genötigt. Er verwunderte sich über die helle Blutfarbe, da ihm in der Vergangenheit bei Blutabnahmen das Blut erheblich dunkler erschien. Zum Vergleich nahm er Blutproben von gesunden Arbeitern, die den ganzen Tag über gearbeitet hatten. Deren Blut war dunkler. Da die kranken Matrosen nicht gearbeitet hatten, gab es für ihn nur eine Erklärung: helles Blut war reicher an Sauerstoff, dunkles dagegen Sauerstoff ärmer. Der Sauerstoff war durch die Verbrennung von mehr Nahrung verbraucht worden, damit die Arbeit verrichtet werden konnte. Er verglich diese Tatsache mit der Arbeit der Dampfmaschine des Schiffs. Auch diese musste stärker beheizt werden, wenn sie mehr leisten sollte. Eine erste Schlussfolgerung stellte sich ein: geleistete Arbeit war abhängig von der Wärme, die einem System – sei es Mensch oder Maschine – zugeführt wurde. Wärme war der Arbeit äquivalent. Galt das auch umgekehrt? Konnte Arbeit in Wärme umgewandelt werden?

Dass das bewegte Meer wärmer sei, war eine weitere Erkenntnis. Wärme ging in Arbeit auf und die Arbeit erzeugte Wärme. Ging bei diesen Umwandlungen etwas verloren oder nicht? Wie sah es wiederum mit der Dampfmaschine aus? – Natürlich gab es massiven Wärmeverlust, aber das stimmte nur relativ zur erzeugten Arbeit: der Kessel strahlte Wärme nach außen ab, durch den Schornstein entwichen warme Verbrennungsgase. Diese Wärmeanteile gingen zur Erzeugung des erforderlichen Kesseldrucks verloren, aber nicht in der Gesamtbilanz.

Mayers Erkenntnisse, die zunächst lediglich heuristischen Charakter hatten, und die sich noch jeglicher Formalisierung entzogen, hatten auf ihn dennoch eine ungeheure Wirkung. Wärme war bis daher als eine Art Stoff angesehen worden. Nun aber stellte sie sich ihm als eine Kraft dar – eine unter den anderen Urkräften, wie sie damals klassifiziert wurden. Er schloss aus alldem, dass Arbeit, Wärme und auch alle anderen „Kräfte" wechselseitig ineinander übergehen konnten, ohne dass dabei etwas von ihnen verloren gehen würde.

Nachdem die Java einen Monat vor Batavia gelegen hatte, lief sie während der folgenden drei Monate noch weitere indische Häfen an, um neue Ladung aufzunehmen. Dann kam die 120-tägige Heimreise. Während all dieser Zeit wälzte er seine neuen Ideen immerfort in seinem Geiste um. Ende Februar 1841 erreichte das Schiff wieder Rotterdam. Mayer war bis dahin zu dem Ergebnis gekommen, dass Licht, Wärme, Schwerkraft, Bewegung, Magnetismus und Elektrizität nichts anderes seien, als verschiedene Manifestationen ein- und derselben Urkraft. Endlich wieder in seiner Heimatstadt Heilbronn angekommen, musste er diese Erkenntnisse in eine geeignete Form bringen. Es wurden sechs spekulative handgeschriebene Seiten an Poggendorf in Berlin geschickt.

Johann Christian Poggendorf

Der Physiker Johann Christian Poggendorf wurde im Jahre 1796 in Hamburg als Sohn eines Fabrikanten geboren. Nachdem er seinen Lebensunterhalt zunächst als Apotheker in Itzehoe verdient hatte, besuchte er ab 1820 die Universität in Berlin, wo er später Mitglied der dortigen Akademie der Wissenschaften wurde. 1830 wurde er königlicher, 1834 außerordentlicher Professor. Auf ihn geht eine Reihe von Erfindungen und Instrumenten im Bereich des Elektromagnetismus zurück, die er z. T. mit anderen Wissenschaftlern entwickelte.

Ab 1824 wurde Poggendorf Herausgeber der „Annalen der Physik", die er 1829 zu den „Annalen der Physik und Chemie" erweiterte. Ursprünglich waren die Annalen, die seit 1799 erschienen sind, Nachfolger vorausgehender Zeitschriften. Poggendorf steht in einer Reihe von Herausgebern vor ihm und nach ihm, und hatte diese Funktion 52 Jahre inne. Er entwickelte das Journal zu einem wissenschaftlichen Veröffentlichungsmedium mit weitem Horizont, das sich neben den Fachgelehrten auch an die breite Öffentlichkeit wandte, und machte es so zu einem führenden Wissenschaftsjournal in Europa. Zu den Autoren zählen bis in die neuere Zeit so bekannte Wissenschaftler wie Heinrich Rudolf Hertz (1857–1894), Wilhelm Conrad Röntgen (1845–1923), Max Planck (1858–1947), Albert Einstein (1879–1955) und Erwin Schrödinger (1887–1961) mit ihren bahnbrechenden Erkenntnissen.

Es gab allerdings auch Zurückweisungen von Arbeiten, die sich später als fundamental für die weitere Wissenschaftsgeschichte erwiesen. Zu denen gehörte auch die Weigerung der Bekanntmachung einer Erfindung von Philipp Reis (1834–1874): das Telefon, und für unseren Zusammenhang die Ablehnung von Robert Mayers Abhandlung „Über die quantitative und qualitative Bestimmung der Kräfte", in der der Energieerhaltungssatz postuliert wurde. Mayer war Mediziner und kein Physiker, und sein Werk enthielt grundsätzliche physikalische Fehler. Poggendorf hielt es nicht für nötig, dem Autor überhaupt zu antworten. Auch eine Arbeit von Hermann Ludwig Ferdinand Helmholtz (1821–1894) zum gleichen Thema lehnte er ab.

Johann Poggendorf starb im Jahre 1877 in Berlin und wurde auf dem St.-Marien und St.-Nikolai-Friedhof im Ortsteil Prenzlauer Berg begraben.

***

Mayer wusste, dass er quantitative Belege vorlegen musste. Und so berechnete er mühsam das mechanische Wärmeäquivalent, nämlich diejenige Wärmemenge, die erforderlich ist, um 1000 g Wasser von 0 auf 1 Grad zu erwärmen. Er berechnete, dass die potenzielle Energie eines Körpers in 365 m Höhe der Erwärmung einer gleichen Wassermasse um 1 °C entsprach (der korrekte Wert ist 427 m). Mit diesem Ergebnis suchte er seinen ehemaligen Lehrer Prof. Nörrenberg in Tübingen auf.

Johann Gottlieb Christian Nörrenberg

Der Physiker Johann Gottlieb Christian Nörrenberg wurde 1787 in Pustenbach, Berg-neustadt in Nordrhein-Westfalen, geboren. Seine Kenntnisse in Mathematik und Natur-wissenschaften erwarb er durch Selbststudium neben seinem Beruf als Handelsgehilfe. Später arbeitete er als Feldmesser und wurde schließlich Professor für Mathematik an der Militärakademie in Darmstadt. Von 1829 bis 1832 hielt er sich in Paris auf, wo er seine Kenntnisse in Physik und Chemie vertiefen konnte, sodass er im Jahre 1833 den Lehrstuhl für Physik, Mathematik und Astronomie an der Universität Tübingen und gleichzeitig die Leitung der dortigen Sternwarte übernehmen konnte. Neben den ver-schiedenen Beobachtungsinstrumenten, die er konstruierte, zeichnete Nörrenberg sich auch auf dem neuen Sachgebiet der Daguerreotypie aus, indem er einige der ältesten Fotografien in Deutschland anfertigte.

Robert Mayer besuchte Nörrenberg im September 1841, dem er seine Theorie vor-trug. Der Empfang war kühl bis abweisend. Mayer war nicht vom Fach, seine Argumen-tation war eher philosophischer als physikalischer Art. Nörrenberg entließ ihn mit dem guten Rat, seine Behauptungen durch Fakten zu beweisen.

Im Jahre 1851 bat Nörrenberg um seine vorzeitige Entlassung aus dem Universitäts-dienst und ging als Privatgelehrter nach Stuttgart, wo er im Jahre 1862 starb.

***

Robert Mayer ließ nicht locker. Einige Wochen nach seinem enttäuschenden Besuch bei Nörrenberg machte er sich auf den Weg nach Heidelberg, um dort Prof. Jolly aufzusu-chen und ihm seine Spekulationen vorzutragen.

Johann Philipp Gustav von Jolly

Der Physiker und Mathematiker Johann Philipp Gustav von Jolly wurde im Jahre 1809 in eine Kaufmannsfamilie in Mannheim geboren. Er studierte in Heidelberg, Wien und Berlin. Sein Interesse galt der Experimentalphysik, für die er sich handwerkliche Fä-higkeiten erwarb. In Heidelberg wurde er 1839 außerordentlicher Professor für Ma-thematik und sieben Jahre später ordentlicher Professor für Physik. 1854 ging er nach München.

Zu seinen wissenschaftlichen und technischen Leistungen zählen die jollysche Federwaage, ein Luftthermometer und eine Quecksilberluftpumpe, fernerhin die Be-stimmung des spezifischen Gewichts von Ammoniak und die Berechnung des Ausdeh-nungskoeffizienten verschiedener Gase. Er war an der Einführung des Metersystems in Deutschland beteiligt.

Auch Jolly war nicht frei von Irrtümern: So beriet er seinen Studenten Max Planck, auf ein Studium der theoretischen Physik zu verzichten, da auf diesem Gebiet bereits alles erforscht worden sein. Dies geschah im Jahre 1874. Gut ein Vierteljahrhundert später präsentierte Planck der Deutschen Physikalischen Gesellschaft seine Lösung des Schwarzkörperproblems, begründete damit die Quantenphysik und brachte das Gebäude der klassischen Physik zum Einsturz. Und Robert Mayers Empfang bei ihm entsprach demjenigen, den er bereits bei Prof. Nörrenberg erlebt hatte: Jolly wollte von Mayers Theorie nichts wissen.

Jolly starb im Jahre 1884 in München und wurde dort auf dem Alten Südlichen Friedhof begraben.

***

Aber Robert Mayer hatte trotz der negativen Ergebnisse seiner Besuche gelernt. Mithilfe seines Freundes, des Mathematiklehrers Carl Wilhelm Baur (1820–1894) verfasste er seine Abhandlung neu, indem er seine Erkenntnisse logisch herleitete. Das Ergebnis schickte er an Liebigs „Annalen der Chemie und Pharmazie".

Justus Liebig

Der Chemiker und Agrarwissenschaftler Justus Liebig wurde im Jahre 1803 in Darmstadt als Sohn eines Drogisten geboren. Durch den Beruf seines Vaters interessierte er sich schon früh für die Chemie. Nach dem Besuch des Gymnasiums und einer abgebrochenen Apothekerlehre half er zunächst im Betrieb seines Vaters aus. Im Jahre 1819 begann er in Bonn, Chemie zu studieren, was er an der Universität in Erlangen fortsetzte, wo er in absentia promoviert wurde, da er sich 1822/1823 in Paris an der Sorbonne aufhielt, wo er ein Stipendium erhalten hatte. Auf Empfehlung Alexander von Humboldts (1769–1859), dem er in Paris begegnet war, erhielt Liebig, erst 21-jährig, eine Professur für Chemie an der Universität in Gießen. Neben seiner Lehrtätigkeit unterhielt Liebig zusammen mit anderen Professoren ein privates Institut für Pharmazie und technisches Gewerbe. Im Jahre 1832 gründete er die Zeitschrift Annalen der Pharmazie. Ab 1852 lehrte er an der Universität München als Professor für Chemie.

Liebig gilt als einer der Begründer der organischen Chemie und der Agrochemie. Zu seinen wichtigsten Entdeckungen und Errungenschaften gehören:
- die Radikaltheorie,
- die Theorie der Isomere,
- die Entwicklung des analytischen 5-Kugel-Apparates,
- das Superphosphat,
- das Chloroform,
- der Mineraldünger,
- Liebigs Fleischextrakt,
- das Backpulver.

Zeit seines Lebens und auch nach seinem Tod wurden dem berühmten Chemiker zahlreiche Ehrungen zu Teil, die hier aufzuzählen den Rahmen des Abschnitts sprengen würde. Erwähnt seien die Benennung eines Mondkraters, sein Konterfei auf verschiedenen Briefmarken, Denkmäler und Gesellschaften, die entweder nach ihm benannt wurden, oder in denen er als Mitglied berufen wurde.

„Liebigs Annalen der Chemie" war zu der Zeit eine bedeutende Fachzeitschrift der chemischen Wissenschaften. Sie war hervorgegangen aus der mit anderen Wissenschaftlern im Jahre 1832 gegründeten „Annalen der Pharmacie". Im Jahre 1998 ging sie mit anderen Organen in das „European Journal of Organic Chemistry" auf. Im Heft vom Mai des Jahres 1842 der „Liebigs Annalen der Chemie und Pharmazie" erschien Robert Mayers Aufsatz „Bemerkungen über die Kräfte der unbelebten Natur".

Justus Liebig starb im Jahre 1893 an einer Lungenentzündung und wurde auf dem Alten Südlichen Friedhof in München beerdigt.

Worum es geht

Um sich dem Thema anzunähern, wollen wir noch einmal auf die Arbeit zurückkommen. Wie bereits an mehreren Stellen weiter oben erwähnt, wird Arbeit als Ergebnis der Einwirkung einer Kraft bezeichnet. Dieses Ergebnis wird als Bewegung sichtbar, die sich mathematisch beschreiben lässt. Allgemein errechnet sich die Arbeit aus der folgenden Beziehung:

$$W = Fs \quad [\text{Nm}] \text{ oder } [\text{J}] \text{ oder } [\text{Ws}] \text{ oder } [\text{kgm}^2/\text{s}^2]. \tag{5.1}$$

Arbeit ist das Produkt aus Kraft (F) mal Weg (s).

Hebt man eine Masse hoch, muss die Erdanziehung überwunden werden – Hubarbeit:

$$W = -mgh \tag{5.2}$$

mit h gleich der Höhe, auf die man die Masse bringt.

Leistung ist Arbeit pro Zeiteinheit:

$$P = W/t \quad [\text{J/s}] \text{ oder } [\text{Watt}] \text{ oder } [\text{kgm}^2/\text{s}^3]. \tag{5.3}$$

Beim freien Fall derselben Masse von derselben Höhe wird Energie frei, was als Hubarbeit aufgewendet wurde. Wenn der Körper in seiner Höhenlage verbleiben würde, steckt in ihm die potenzielle Energie:

$$E_{\text{pot}} = mgh. \tag{5.4}$$

Das Pendant dazu ist die kinetische Energie, die bei einer Bewegung frei wird:

$$E_{\text{kin}} = mv^2/2. \tag{5.5}$$

Die potenzielle und die kinetische Energie sind Energieformen, die ineinander umwandelbar sind. Wichtig ist, dass sich dabei der Energiegehalt nicht ändert. Es gibt aber Systeme, deren Energiezustand weder durch kinetische noch durch potenzielle mechanische Energie, sondern durch Zufuhr von Wärme geändert werden kann. Dazu führen wir den Begriff der inneren Energie ein.

Betrachten wir ein geschlossenes System, das sich in einem bestimmten Zustand innerer Energie befindet. Ein solches System heißt adiabatisch, wenn sich sein Gleichgewichtszustand nur dadurch ändern kann, dass von oder an ihm Arbeit verrichtet wird. Um ein solches System von einem Zustand innerer Energie U_1 auf den Zustand U_2 zu heben, ist folgende Arbeit erforderlich:

$$W_{12} = U_2 - U_1. \tag{5.6}$$

Für nicht-adiabatische Systeme muss ein zusätzlicher Beitrag bei der Änderung der inneren Energie berücksichtigt werden. Ein Beispiel (Abb. 5.2) sind zwei durch eine diatherme Wand getrennte Behälter.

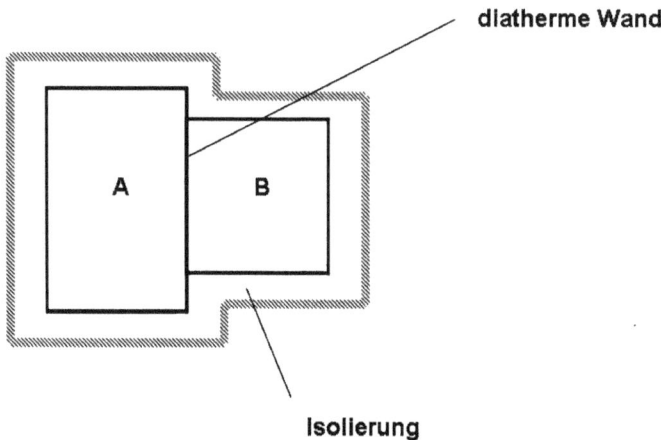

Abb. 5.2: Illustration der inneren Energie [4].

Beide für sich sind adiabat, haben aber unterschiedliche Temperaturen. Das Gesamtsystem ist nicht adiabat. Entfernt man die Trennwand, erfolgt ein Energieaustausch zwischen den beiden Systemen. Dann sieht die Bilanz wie folgt aus:

$$W_{12} + Q_{12} = U_2 - U_1. \tag{5.7}$$

In diesem Fall ist Q_{12} die Energie, die an der Grenze zwischen den beiden Systemen verschiedener Temperatur ausgetauscht wird. Sie wird Wärme genannt und wird gemessen in [J] bzw. [Ws] bzw. [Nm]. Wärme ist also auch eine Form von Energie. Das Ganze führt zur Formulierung des ersten Hauptsatzes der Thermodynamik:

> In einem geschlossenen System bleibt der gesamte Energievorrat als Summe aus mechanischer, sonstiger und Wärmeenergie konstant.

Der erste Hauptsatz ist das Prinzip von der Erhaltung der Energie. Er ist Grundlage für alle weiteren Betrachtungen in der Physik. Unter anderem folgt aus ihm, dass ein perpetuum mobile nicht möglich ist. Er besagt außerdem: „there are no free lunches", d. h.: alles hat seinen Preis, nichts entsteht aus sich selbst, sondern nur aus der Umwandlung von schon Bestehendem in eine andere Form. Energie ist nicht erneuerbar.

***

Robert Mayer wartete sieben lange Jahre auf Reaktionen aus der Wissenschaft auf seine veröffentlichten Überlegungen zur Energieerhaltung – vergebens. Während dieser Geduldsprobe überarbeitete er seine Gedanken noch einmal und schickte das Ergebnis drei Jahre nach seiner Erstveröffentlichung an alle namhaften Verlage, die sich alle weigerten, seine Thesen zu drucken. Er gab nicht auf und griff zur Selbstverlegung. Seine Broschüre verschickte er an die wichtigsten Akademien in Europa, unter anderen auch nach Berlin und London – keine Reaktionen. Freunde und Verwandte gaben ihn auf, seine eigene Frau, mit der er fünf Kinder hatte, verspottete ihn. Doch dann tat sich etwas.

James Prescott Joule

Der Bierbrauer und Physiker James Joule (Abb. 5.3) wurde im Jahre 1818 in Salford bei Manchester geboren. Die erste Industrialisierung trieb auf einen Höhepunkt zu. Wegen des erfolgreichen Brauereiunternehmens seines Vaters wuchs James Joule unter komfortablen Verhältnissen auf. Er wurde zu Hause von Tutoren, die bei ihm wohnten, unterrichtet, bis er 16 Jahre alt war. Dann wurde er zusammen mit seinem Bruder zu John Dalton (1766–1844), dem berühmten Chemiker, geschickt, der ebenfalls als Tutor seinen Lebensunterhalt verdiente. Diese Konstellation dauerte wegen der Erkrankung des Lehrers nur kurze Zeit, trug aber wesentlich dazu bei, dass Joules Interesse für die Wissenschaft geweckt wurde. Und so endete also seine Ausbildung – abgesehen von einem kurzen Zwischenspiel bei John Davies (1816–1850), der ihm im Jahre 1839 Privatunterricht in Chemie gab.

Schon früh hatte Joule seine Zeit eigenen experimentellen Forschungen gewidmet. Wegen seiner finanziellen Unabhängigkeit benötigte er keine weitere formale Ausbildung: seine Forschungen waren eine Art Unterhaltung für ihn.

Abb. 5.3: James Jule von John Collier.

Der Unterschied zwischen Temperatur und Wärmemenge wurde im 18. Jahrhundert durch Joseph Black (1728–1799) erklärt. Er führte die wissenschaftliche Kalorimetrie ein, über die er auf die Idee der spezifischen Wärme stieß. Bis zur Mitte des 19. Jahrhunderts beschäftigten sich noch einige Wissenschaftler mit Wärmeexperimenten, deren Ergebnisse allerdings weitgehend ignoriert wurden. Dann fanden zwei Entwicklungen statt, die zur allgemeinen Akzeptanz der mechanischen Wärmetheorie führten. Die eine wurde von Julius Mayer mit seiner Theorie von der Erhaltung der Energie angestoßen, obwohl dies zunächst noch nicht allgemein akzeptiert wurde. Die andere stammt aus den Messungen des mechanischen Wärmeäquivalents von James Joule zwischen 1840 und 1850.

Im Jahre 1838 baute Joule einen der Räume im Haus seines Vaters zu einem Labor um, und begann mit seinen Experimenten. Im selben Jahr veröffentlichte er seinen ersten kurzen Bericht, aber erst 1840 präsentierte er ein wichtiges Papier vor der Royal Society. Darin zeigte er, dass die Rate, mit der die Wärme durch elektrischen Strom in einem Leiter erzeugt wird, proportional zum Quadrat des Stroms ist, während die Proportionalitätskonstante durch den Widerstand des Leiters gegeben ist. In den nächsten zehn Jahren verfeinerte Joule seine Experimente immer wieder und berichtete seine Ergebnisse regelmäßig der Royal Society. Im Jahre 1850 veröffentlichte er eine Denkschrift in den Philosophical Transactions, die seine bisher genauesten Messwerte für das mechanische Wärmeäquivalent enthielt, ermittelt durch sein berühmtes Schaufelrad-Experiment. Nach dieser Veröffentlichung wurde er zum Fellow der Royal Society ernannt. Damit war sein Ruf als Wissenschaftler fest etabliert. Von den vielen Ehrungen, die ihm während seines Lebens zuteilwurden, war sicherlich keine so bedeutend wie diejenige, die Einheit der Energie nach ihm zu benennen.

Hier eine kurze Beschreibung seines Experiments [15]:

Abbildung 5.4 zeigt die Seitenansicht, Abbildung 5.5 die Draufsicht des Apparats, der sich in einem mit Wasser gefüllten Behälter befindet. Mittels eines Schaufelrads wird Reibungswärme über acht Dreharme zwischen vier Leitflügeln im Wasser erzeugt.

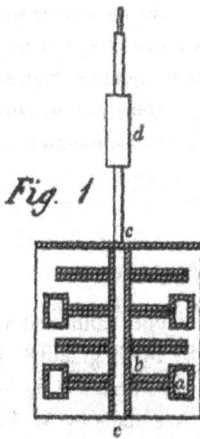

Abb. 5.4: Joule-Experiment Seitenansicht.

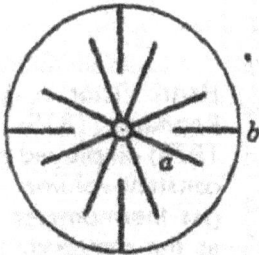

Abb. 5.5: Joule-Experiment Draufsicht.

Abbildung 5.6 illustriert die gesamte Anordnung, um den Reibungsapparat in Bewegung zu setzen. Zu sehen sind die hölzernen Antriebsscheiben mit ihren seitlichen Rollen auf Stahlachsen. Unterhalb der Antriebscheiben befinden sich die Bleigewichte, die von den Rollen über einen dünnen Faden herunterhängen. Über die Antriebsscheiben selbst zieht sich ein Faden bis zur zentralen Rolle in der Mitte der Anordnung.

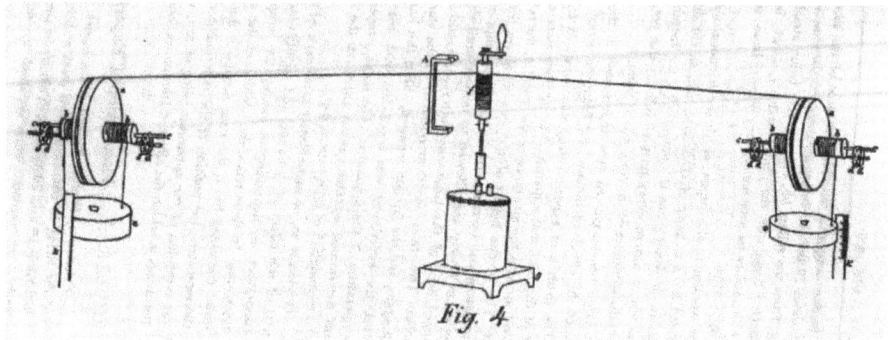

Abb. 5.6: Joule-Experiment Bewegungsapparat.

Das Experiment lief wie folgt ab:

Die Ausgangstemperatur des Wassers und die genaue Höhe der Gewichte wurden gemessen. Dann wurden die Rollen freigegeben, sodass die Gewichte nach unten zogen, bis sie den Erdboden erreichten. Das Ganze wurde zwanzig Mal wiederholt. Dann wurden die Temperaturen des Wassers und die mittlere Temperatur des Labors gemessen. In der Endauswertung wurden folgende Korrekturen berücksichtigt:

– Effekt der Temperatur der Umgebungsluft,
– Temperatur des Messingbehälters,
– die Wärmekapazität von Kupfer und Zink.

Die Zunahme der Temperatur im Wasser musste dann in Beziehung zu der mechanischen Arbeit gesetzt werden, die durch den Fall der Gewichte geleistet wurde. Diese Gewichte und die Fallhöhen waren ja bekannt. Korrekturen mussten für die Reibungsverluste durch die Antriebsscheiben und Rollen gemacht werden.

Am Ende seiner Veröffentlichung präsentierte Joule folgende Ergebnisse:

1. Die Wärmemenge, die durch Reibung entsteht, sei es an festen Körpern oder in Flüssigkeiten, ist immer proportional zur aufgewendeten Kraft.
2. Damit eine Wärmemenge ein englisches Pfund Wasser (im Vakuum gewogen bei einer Temperatur zwischen 55 und 60 °F) sich um 1° erhöht, wird eine mechanische Kraft äquivalent einer Masse von 772 Pfund benötigt, die eine Höhe von einem Fuß durchfällt. Die Messung von Joule hatte damit den nur geringen Fehler von 0,8 %.

Damit hatte James Joule auf eindrucksvolle Weise Mayers These von der Erhaltung und Umwandlung der Energie experimentell bestätigt. In seinen Veröffentlichungen vergaß Joule allerdings, Mayers Namen zu erwähnen.

James Joule verstarb im Jahre 1889 in Sale in England.

**

Joules Veröffentlichung sollte nicht die letzte Enttäuschung für Robert Mayer sein. Sie trat in Erscheinung in der Person des berühmten Gelehrten Hermann Helmholtz.

Hermann Ludwig Ferdinand Helmholtz

Der Physiker, Mediziner und Physiologe Hermann Helmholtz (Abb. 5.7) wurde im Jahre 1821 in Potsdam geboren. Sein Vater war Direktor an dem Gymnasium in Potsdam, das Hermann besuchte. Schon früh interessierte sich der Sohn für Physik, obwohl er aus Versorgungsgründen Medizin studierte und danach als Arzt tätig wurde. Nachdem er nach seiner Tätigkeit als Militärarzt Anatomie an der Berliner Kunstakademie unterrichtet hatte, nahm er Professuren für Physiologie an der Berliner Universität, danach an der Universität in Bonn und schließlich in Heidelberg an.

Abb. 5.7: Hermann Helmholtz.

Zur Physik wandte sich Helmholtz schließlich im Jahre 1870, als er eine entsprechende Professur an der Friedrich-Wilhelms-Universität in Berlin annahm. 1877 wurde er Rektor und ein Jahr später Präsident der Physikalischen Gesellschaft zu Berlin. 1888 wurde er erster Präsident der Physikalisch-Technischen Reichsanstalt in Charlottenburg, die er zusammen mit Werner von Siemens (1816–1892) und anderen ins Leben gerufen hatte.

Helmholtz' Forschungsinteressen waren vielfältig. Alle Ergebnisse, die zu hohen nationalen und internationalen Ehrungen führten, hier zu erwähnen, würde zu weit führen. Genannt seien an dieser Stelle:
– der Nachweis des Ursprungs der Nervenfasern
– die Entwicklung des Augenspiegels
– die Dreifarbentheorie des menschlichen Auges
– die Resonanztheorie des Hörens
– mathematische Grundlagen von Wirbelströmen in der Hydrodynamik
– die nach ihm benannte Helmholtz-Spule zur Erzeugung eines homogenen Magnetfeldes
– der nach ihm benannte Helmholtz-Resonator
– die Helmholtz-Differentialgleichung
– und – für uns hier relevant – die Ausformulierung des Energieerhaltungssatzes in dem Aufsatz „Über die Erhaltung der Kraft" im Jahre 1847.

Dabei stützte er sich u. a. auf die Ergebnisse der jouleschen Experimente. Aber in der ganzen Abhandlung fehlte jede Referenz zu Robert Mayer. Später verteidigte sich Helmholtz gegen den Vorwurf des Plagiats, indem er behauptete, Mayers fünf Jahre zuvor veröffentlichte Thesen nicht gekannt zu haben.

Hermann Helmholtz starb im Jahre 1894 nach einem zweiten Schlaganfall in Charlottenburg und wurde auf dem Friedhof Wannsee begraben.

***

Sieben Jahre nach seiner eigenen Entdeckung hielt Robert Mayer Helmholtz' Abhandlung in Händen, in der er seine eigenen Ideen wiedererkannte. Nur sein Name fehlte. Mittlerweile war in Deutschland die Märzrevolution 1848 ausgebrochen. Die Menschen hatten andere Sorgen. Die Revolution, in der sich zwei seiner Brüder engagiert hatten, wurde niedergeschlagen. Als weitere Belastung kam der Tod von zwei seiner kleinen Töchter hinzu. Mayer hatte inzwischen eine weitere Abhandlung geschrieben: „Dynamik des Himmels", in der er seine Energieerhaltungsthese auf die Vorgänge des Weltalls anwandte. Auch dieses Papier fand keinen Verleger, auf seine dann im Selbstverlag erstellten Druckexemplare, die er wieder an renommierte Institutionen verschickte, gab es keine Antwort. Aufgrund seiner Besessenheit mit seiner Idee, seine Geldausgaben für Druckwerke, begann seine Ehe zu leiden. Sein Umfeld begann, ihn für geistesgestört zu halten, da er ständig über seine Ideen grübelte und redete.

Mayer fühlte sich betrogen und zu unrecht behandelt. Hinzu kam, dass Joule bei einer weiteren Veröffentlichung in der französischen Fachzeitschrift „Journal des Débats" Mayer als Dilettanten mit haltlosen Vermutungen hinstellte. Dieser fühlte sich nun zu einer Gegendarstellung genötigt, die er an die Redaktion der „Augsburger Allgemeine Zeitung" schickte. Diese Zeitung brachte den Artikel im Mai 1849. Eine Woche später erschien eine Replik von Otto Seyffer (1823–1890) vom physikalischen Institut in Tübingen, der Mayer ebenfalls als Dilettanten hinstellte, und ihm riet, bei seinem Leisten zu bleiben. Die Zeitung wollte einen weiteren offenen Brief von Mayer nicht veröffentlichen. Er galt nun öffentlich als Hochstapler. Es erfolgt nun ein Briefwechsel zwischen ihm und dem Verleger der Zeitung, den Letzterer im Mai 1850 mit der Bitte, von jeder weiteren Zuschrift abzusehen, beendet. Mayer ist aufgrund dessen und wegen der familiären Belastungen und Schicksalsschläge mit seinen Nerven am Ende, weswegen er sich aus dem Fenster stürzt. Seine Glieder sind gebrochen, aber er überlebt.

Sein Sprung aus dem Fenster bleibt der Öffentlichkeit in seinem Städtchen nicht verborgen. Da er auch nach diesem Vorfall nicht von seinen Ideen abrücken will, stellen sich seine Frau und Verwandte weiterhin gegen ihn. Auch der Pfarrer seiner Gemeinde versucht, ihn davon abzubringen. Er empfiehlt Robert Mayer wegen dessen wiederkehrenden Erregungszuständen im Jahre 1852 den Kontakt zu dem Direktor einer Heilanstalt in Winnenthal, Albert Zeller (1804–1877), der ihn zunächst an seinen Kollegen der Anstalt in Göppingen, Heinrich Landerer (1814–1877), verweist. Nach kurzem Aufenthalt schickt dieser den Patienten zurück nach Winnenthal, von wo Mayer 1853 entlassen wird. In den Jahren danach bis 1865 wurde er noch einige Male stationär behandelt, bevor er nach einem schweren Rückfall in die Anstalt Kennenburg unter der Leitung von Otto Hussel eingewiesen wurde, von wo er nach einer einmonatigen Behandlung entlassen wurde. Mayer nahm seine Tätigkeit als Arzt in seiner alten Praxis in Heilbronn wieder auf.

Inzwischen hatte sich die Einschätzung der Fachwelt bzgl. Mayers Entdeckung des Energieerhaltungssatzes langsam geändert. Sein vormaliger Konkurrent Hermann Helmholtz erwähnte in einem Vortrag im Jahre 1854 Robert Mayer als den Ersten, der dieses Gesetz erkannt hatte. Vier Jahre später wurde Mayer zum korrespondierenden Mitglied der Gesellschaft für Naturforschung in Basel ernannt. Dann ging es mit weiteren Ehrungen Schlag auf Schlag. Schließlich erhielt er im Jahre 1871 die Copley-Medaille der Royal Society.

Robert Julius Mayer verstarb im Jahre 1878 in Heilbronn in Folge einer Lungentuberkulose. Er wurde auf dem Alten Friedhof in seiner Heimatstadt beerdigt.

Der zweite Hauptsatz

Rudolf Julius Emanuel Clausius

Die mehr als 8000 Einwohner zählende Stadt an der Mündung der Uecker in das Stettiner Haff, Ueckermünde, besticht heute durch seinen neu gestalteten attraktiven Marktplatz mit den Fassaden der Bürgerhäuser aus dem 19. Jahrhundert und der St. Marienkirche an der Ueckerstraße. Biegt man vom Marktplatz nach links in die Schulstraße und folgt ihr bis hinter der Kirche, so findet man einen Durchgang zum Rathaus und zum Museum, in dem die Geschichte der alten Hansestadt durch Artefakte zur Schau gestellt wird. Dabei kommt man an einem Haus vorbei mit einem kleinen Hinweisschild (Abb. 5.8). In diesem Haus hatte der Physiker und Entdecker des zweiten Hauptsatzes der Thermodynamik, Rudolf Clausius, in seiner Jugend gewohnt: „Alle natürlichen Prozesse sind unumkehrbar" ist auf der Plakette an dem Haus zu lesen.

Abb. 5.8: Ueckermünde, denkmalgeschützte Superindentur Schulstr. 21; Global Fish, CC BY-SA 4.0 <https://creativecommons.org/licenses/by-sa/4.0>, via Wikimedia Commons.

Das Haus war die ehemalige Superintendentur bis 1977 und beherbergt heute das Kirchenbüro. Von 1833 bis 1855 war Karl Ernst Gottlieb Clausius (1781–1855), Vater des Physikers Rudolf Clausius hier Superintendent und Pastor an der St. Marienkirche. Rudolf wurde im Jahre 1822 in Köslin geboren. Nach dem Besuch des Gymnasiums in Stettin studierte er Mathematik und Physik in Berlin und promovierte in Halle über die Streuung des Sonnenlichts. Nach einer Zeit als Lehramtskandidat am Friedrichswerder Gymnasium in Berlin wurde er 1850 Professor für Physik an der königlichen Artillerie und Ingenieurschule in Berlin und Privatdozent an der dortigen Universität. Von dort ging es 1855 an das Eidgenössische Polytechnikum in Zürich, nach einem Zwischenaufenthalt von 1867 bis 1869 in Würzburg als Mathematikprofessor, dann schließlich nach Bonn, wo er 1884 Rektor der Universität wurde.

Die Hauptleistung von Rudolf Clausius, mit der er in die Wissenschaftsgeschichte einging, war die Formulierung des zweiten Hauptsatzes der Thermodynamik. Dieser resultierte aus seinen Überlegungen und Untersuchungen der Umwandlung von Wärme in Arbeit. Zwei unmittelbare Konsequenzen aus diesem Satz waren die Tatsachen, dass ohne Zuführung von Arbeit Wärme nicht von einem kalten auf ein wärmeres System übergehen kann, und ein perpetuum mobile nicht möglich ist. Um diesen Hauptsatz zu formulieren, führte Clausius einen neuen Begriff ein: „Entropie" für „Äquivalenzwert der Verwandlung" (altgriech.: *entrepein* = umwandeln und *tropé* = Wandlungspotenzial). Diese Größe taucht in der heute gebräuchlichen Form erstmalig in seiner Veröffentlichung „Über verschiedene, für die Anwendung bequeme Formen der Hauptgleichungen der mechanischen Wärmetheorie" in den Annalen der Physik und Chemie im Jahre 1865 auf.

Sein Name wird weiterhin genannt in der Clausius-Clapeyron-Gleichung zur Berechnung der Siedepunktkurve und im Clausius-Rankine-Prozess, einem Vergleichsprozess für die Funktionsweise eines Dampfkraftwerks. Seine nationalen und internationalen Ehrungen zu Lebzeiten und darüber hinaus waren vielfältig.

Rudolf Clausius starb 1888 in Bonn und wurde dort auf dem Alten Friedhof begraben.

Physikalischer Hintergrund

In der Thermodynamik werden theoretisch drei Arten von Prozessen unterschieden:
- reversible,
- irreversible,
- unmögliche.

Der Übergang von Wärme eines Systems niedriger Temperatur auf ein System höherer Temperatur ohne äußere Einwirkung ist ein Beispiel für einen unmöglichen Prozess.

Einen reversiblen Prozess kann man so definieren:

> Ein reversibler Prozess findet dann statt, wenn ein System – nach Ablauf eines bestimmten Prozesses – wieder in seinen Anfangszustand gebracht werden kann, und gleichzeitig keine Änderungen in seiner Umgebung zurück bleiben.

Reversible Prozesse sind allerdings auch nur Konstrukte, die man zur Berechnung von Wirkungsgraden nutzen kann. Rein rechnerisch weisen sie maximal nutzbare Arbeit aus. Dabei kommen sie jedoch in der Natur nicht vor – wenn überhaupt nur näherungsweise. Man kann sie jedoch als Maßstab für irreversible Prozesse anwenden. Als irreversibler Prozess wird definiert:

> Nach Durchlauf eines irreversiblen Prozesses lässt sich der Anfangszustand eines Systems ohne Änderung der Umgebung nicht wieder herstellen.

Man kann den zweiten Hauptsatz der Thermodynamik auch in einem einzigen Satz so formulieren, wie er auf der Plakette an dem Haus in Ueckermünde zu lesen ist. Dies lässt sich dann qualitativ folgendermaßen ausdrücken:

> Alle natürlichen Prozesse sind irreversibel.

Man kann auch sagen, dass bei einem irreversiblen Prozess Energie zwar nicht verloren geht, aber in einem gewissen Sinne entwertet wird. Bezogen auf die energetische Nutzbarkeit entsteht allerdings ein Verlust. Diesen kann man quantifizieren durch Vergleich mit einem idealisierten korrespondierenden reversiblen Prozess. Ein wesentlicher Grund für die Irreversibilität von Prozessen ist z. B. das Auftreten von Reibung. Der zweite Hauptsatz hat aber noch eine weitere grundlegende physikalische Bedeutung: Er bestimmt die Richtung, in der thermodynamische und natürliche Prozesse ablaufen. Diese Gerichtetheit besagt, dass bei einem Vorgang jeder Zeitpunkt, der nach einem anderen kommt, eine größere Entropie besitzt als sein Vorgänger.

Nach diesen bisher qualitativen Betrachtungen wenden wir uns jetzt der Entropie zu, um zu quantitativen Ergebnissen zu kommen. Die Entropie muss drei Bedingungen erfüllen:

- Sie muss zunehmen bei irreversiblen Prozessen.
- Sie muss abnehmen bei unmöglichen Prozessen.
- Sie muss konstant bleiben bei reversiblen Prozessen.

Mathematisch wird diese Zustandsgröße folgendermaßen definiert:

$$\Delta S = \int_1^2 \frac{dQ}{T} \quad [\text{J/K}]. \tag{5.8}$$

Eine Zunahme der Entropie S ist gleich dem Integral über die zugeführte Wärmemenge, die notwendig ist, um ein System vom Zustand 1 auf den Zustand 2 zu bringen, bezogen auf die absolute Temperatur, bei der dieser Vorgang abläuft.

dQ berechnet sich durch die zugehörige Energiegleichung so:

$$dQ = (dU + pdV). \tag{5.9}$$

Schließlich können wir so zusammenfassen:

1. Jedes System hat eine Zustandsgröße, die Entropie S, definiert durch das Differential,

$$dS = (dU + pdV)/T \qquad (5.10)$$

wobei T die absolute Temperatur bedeutet.

2. Die Entropie eines (adiabaten) Systems kann sich niemals verringern. Alle natürlichen, irreversiblen Prozessen führen zu einer Zunahme der Entropie eines Systems, während sie bei den hypothetischen reversiblen Prozessen konstant bleibt:

$$(S_2 - S_1)_{ad} \geq 0. \qquad (5.11)$$

Man kann die Entropie auch als ein Maß für die Unordnung eines Systems interpretieren, oder – anders ausgedrückt – für die Wahrscheinlichkeit eines Systemzustandes. In der Realität heißt das, dass ein ursprünglich geordnetes System immer auf einen Zustand größerer Unordnung zustrebt, wenn es nicht von außen beeinflusst wird – also adiabat ist. Gleichzeitig erfolgt dadurch ein Informationsverlust über den ursprünglich geordneten Anfangszustand des Systems. So geschieht es in der gesamten Natur, beispielsweise beim Absterben eines Organismus, aber auch in der menschlichen Geschichte. Damit ein Zustand höherer Ordnung hergestellt oder erhalten wird, muss man Energie von außen hinzufügen. Diese Maßnahme ist aber nur möglich durch die Exekution weiterer irreversibler Prozesse unter Verlust nutzbarer Energie. Und so nimmt die Entropie kontinuierlich im gesamten Kosmos ständig zu.

Fazit

Der Energiebegriff und seine Bedeutung haben sich unter den dramatischen Lebensumständen Robert Mayers und nach vielen Streitereien innerhalb der Fachwelt endlich durchgesetzt, sodass die Physik eine solide Basis besitzt, mit deren Hilfe sie viele weitere Erkenntnisse erklären, begründen und weiterentwickeln kann. Durch die gegenseitige Ergänzung des ersten und des zweiten Hauptsatzes der Thermodynamik lassen sich energietechnische Anwendungen der Vergangenheit quantifizieren und neue entwickeln. Vor diesem Hintergrund macht es jetzt Sinn, auf die Geschichte praktischer Energieversorgung einzugehen.

6 Energieversorgung von der Antike bis heute

Einleitung

Schon sehr früh in der Geschichte dachten Menschen darüber nach, wie sie sich die Last ihres Lebens, ihres Alltags, ihres Überlebens erleichtern könnten. Im Ergebnis handelte es sich immer um die Umwandlung eines ursprünglichen Energievorrats in Nutzarbeit – physikalisch ausgedrückt. Eine der ersten Energiequellen war das Feuer, und das ist es bis zum heutigen Tag in seinen unterschiedlichen Erscheinungsformen immer noch geblieben. Andere Ansätze basierten auf mechanischen Umwandlungen: im Transportwesen, beim Ackerbau bis hin zu den unterschiedlichen Mühlen – von Wasser oder Wind getrieben. Auch hier haben wir einen Fortbestand bis hin zu modernsten Technologien.

Dann brach eine Epoche an, die mit der sogenannten industriellen Revolution ihren Anfang nahm. Sie dauert fort. Alles begann mit der Bändigung und dem Verstehen der Dampfkraft, die uns auch heute noch nicht verlassen hat. Der Siegeszug des Verbrennungsmotors, dessen Ende jetzt gesetzlich beschlossen wird, und der Großkraftwerke, die von unterschiedlichen Energieträgern gespeist werden, nahm seinen Lauf bis hin zur Nutzung der Kernkraft, die in vielen Ländern weiterhin eine wichtige Komponente im Energiemix spielen. Damit standen plötzlich auch individuellen Haushalten Energieträger wie Gas und Elektrizität zur Verfügung.

Moderne Energieumwandlungsanlagen nutzen die Sonneneinstrahlung, den Wind, Biomasse und Erdwärme. Das Ringen um den optimalen Energiemix geht weiter, der Hunger nach Energie steigt in der Bevölkerung ungebrochen.

Frühe Energiequellen

Ganz zu Anfang des Einsatzes von „energetischem" Potenzial steht die Muskelkraft – und zwar die Muskelkraft von Menschen und Tieren. Zu deren Erhalten musste allerdings regelmäßig den „arbeitenden" Körpern Energie, gebunden in den entsprechenden Nahrungsmitteln, zugeführt werden. Letztere konnten allerdings – eventuell mit Ausnahme grasender Rinder und Pferde – wiederum nur unter Einsatz von Energie selbst gewonnen werden – zum Sammeln, Jagen oder später dem gezielten Anbau von Nutzpflanzen oder der Unterbringung von Tieren zur Zucht und zum Schutz. Von der Bruttoenergieaufnahme eines einzelnen Menschen muss man in der Bilanz den Anteil zur reinen Lebenserhaltung abziehen, bevor man im Netto diejenige Restenergie erhält, die für andere Dinge, wie z. B. das Errichten von Bauwerken etc., verwendet werden kann.

Die früheste Hochkultur, in der die systematische Verwendung von Nutztieren belegt ist, war das antike Ägypten. In jenen Zeiten (ca. 3.500 v. Chr.) wurde auch bereits Getreide angebaut. Obwohl für bestimmte Pflanzen zu bestimmten Jahreszeiten die Nilüberflutungen ausreichten, traf das nicht für alle Pflanzen zu, für deren Anbau spezielle Bewässerungsanlagen erforderlich waren. Diese Bewässerung wurde von sog. Scha-

https://doi.org/10.1515/9783111152554-006

duffs unterstützt. Ein Schaduff besteht aus einer Stange, die – ähnlich einer Wippe – auf einem Ständer ruht. An ihrem einen Ende befindet sich ein Gewicht, am anderen, längeren Ende ein Wassereimer, der über einem Brunnen hängt. Zur Betätigung wird das Gewicht zunächst angehoben, sodass der Eimer ins Wasser sinkt, dann wird das Gewicht niedergedrückt und das Wasser geschöpft, das dann einem Bewässerungssystem zugeführt wird. Die Lageenergie eines Zuggewichts wurde später auch zum Antrieb der Räderuhr, in Hebewerken oder an Ziehbrunnen genutzt.

Später wurde der Schaduff durch den Göpel weitestgehend ersetzt. Göpel wurden auch in Deutschland bis zum Einsatz der Dampfmaschinen noch betrieben. In einem Göpelwerk wird eine senkrechte Antriebswelle von einem Zugtier in Rotation gebracht. Diese Welle ist mit einer waagerechten Welle, auf die sich z. B. eine Seilwinde befindet, verzahnt. Die Seilwinde wiederum kann zum Schöpfen von Wasser eingesetzt werden. Statt die Bewegung eines Göpels über die Zugkraft von Tieren zu ermöglichen, wurden auch von Wind und Wasser getriebene Systeme eingesetzt. Windkraft kam natürlich auch beim Antrieb von Schiffen zum Einsatz, im antiken Rom neben den Rudergaleeren.

Der Pflug

Zum Umbrechen des Erdreichs und zur Vorbereitung für die Aussaat wurde auch im alten Ägypten bereits der Pflug eingesetzt. Er hatte sich aus dem Hakenstock entwickelt und wurde zunächst an den Hornansätzen von Rindern angebunden und von da hinter dem Tier geführt. Ursprünglich bestand er ganz aus Holz aus einem Stück, später in der griechisch-römischen Antike war die vordere Sohle mit Metall versehen.

Der Heronsball

Eine erste einfache Wärmekraftmaschine war der Heronsball, benannt nach Heron von Alexandria, einem altgriechischen Mechaniker, der um 62 n. Chr. starb, und der diese Maschine als Erster beschrieb. Dabei handelte es sich um eine über einem beheizbaren Wasserkessel drehbar gelagerte metallene Kugel, deren Halterung den Einlass von Wasserdampf aus dem Kessel in die Kugel ermöglichte. Weiterhin war die Kugel mit einem gekrümmten Auslassventil versehen. Bei ausreichendem Dampfdruck drehte sich die Kugel in den Halterungen durch den Rückstoßeffekt des Auslassventiles. Zu praktischen Anwendungen dieses Apparates ist es allerdings nie gekommen.

Das Feuer

Zur Erzeugung thermischer Energie dienten Holz, Holzkohle und Torf sowie tierische Exkremente seit Tausenden von Jahren. Die Beherrschung des Feuers, die etwa vor

500.000 Jahren begann, ermöglichte:
– die Zubereitung von Nahrung,
– die Herstellung bestimmter Werkzeuge,
– das Überleben in kalten Regionen.

Das Feuer kam auch großflächig bei Brandrodungen zum Einsatz, was zu tief greifenden Umgestaltungen von Landwirtschaft und Besiedlung führte, sowie später beim Bergbau.

Nachdem zunächst offene Feuerstellen außerhalb und dann auch innerhalb von Wohnräumen genutzt wurden, kam es bereits 5000 Jahre v. Chr. zum Bau spezieller Feuerstellen an ausgesuchten Ecken eines Raumes – zunächst als einfache Steinsockel und später als halb oder ganz geschlossene Öfen, gleichzeitig zum Heizen und zum Kochen. Für Letzteres war die Herstellung feuerfester Gefäße vonnöten, aber es gab auch Kulturen, die ihre zu erhitzende Speisen in glühende Asche oder auf erhitzte Steine legten.

Neben der Herdfunktion diente das Feuer auch zu Beleuchtungszwecken. Nachdem zunächst das offene Feuer im Haus diese Aufgabe erfüllte, übernahmen später separate Beleuchtungskörper wie Tonlampen diesen Zweck. Dazu wurden tierische oder pflanzliche Öle verwendet. Erste Kerzen traten etwa 800 v. Chr. auf. Lampengefäße finden sich bereits in Steinzeithöhlen und Talglampen waren noch im 19. Jahrhundert in manchen Alpenregionen in Gebrauch.

Die Entwicklung ganzer Heizungssysteme, insbesondere für Badezwecke, blieb den Römern vorbehalten, die ihre Landhäuser damit ausstatteten. Dazu wurden Hohlziegel verwendet, eine zentrale Befeuerung und komplexe Luftkanalsysteme für die Warmluft unter Fußböden und in Wänden.

Transport

Der Transport von Gütern über weitere Strecken erfolgte auf dem Land mittels Tragtieren und später von Zugtieren beförderte Wagen. In unterschiedlichen Regionen wurden dazu verschiedene Tiere herangezogen: Ochsen, Yaks, Kamele, Pferde. In einigen europäischen Regionen und im Nahen Osten erleichterte später das gut ausgebaute römische Straßennetz die Verteilung von Nahrungsmitteln, Brennstoffen und sonstigen Waren. Nach dem Zerfall dieses Netzes wurden die Ochsenkarren teilweise durch Pferdefuhrwerke ersetzt.

Noch bis zum Beginn des 20. Jahrhunderts war das Pferd das wichtigste Transportmittel – nicht nur auf dem Lande, sondern auch in den großen Städten wie London, New York oder Berlin. Neben ihrer Unterbringung mussten sie ernährt und ihre Abfälle entsorgt werden. Transporte auf dem Wasser wurden bereits in frühen Zeiten durch Boote und Schiffe über weite Strecken ermöglicht, wobei man neben der menschlichen Ruderkraft durch den Einsatz von Segeln die Windkraft nutzte.

Bergbau wurde bereits von den alten Ägyptern betrieben und dann von praktisch allen Kulturvölkern im Mittelmeerraum und bis nach Nordeuropa und Indien. Abgebaut wurden Salz, Feuerstein, Kupfer, Gold, Halbedelsteine und Quarze. Um Schächte und Gänge zu graben wurde das Gestein zuerst durch große Feuer brüchig gemacht: das „Feuersetzen" wurde noch bis ins Mittelalter in Europa praktiziert.

Erste mechanische Techniken

Mühlen

Grundsätzlich zu unterscheiden sind Wasser- und Windmühlen. Während Wassermühlen als Wasserräder, die von fließenden Gewässern angetrieben wurden, bereits um die Zeitenwende insbesondere auch von den Römern betrieben wurden, setzte sich die Windmühle erst im 12. Jahrhundert in Europa durch. Für lange Zeit standen demnach den Menschen drei Formen der Energieumwandlung zur Verfügung:
– Wasserkraft,
– Windenergie und
– Wärme durch Verbrennung z. B. in Kaminen.

Ab dem frühen Mittelalter wurden ingenieurmäßige Verbesserungen der Wassermühlen entwickelt. Bis dahin kamen Stockmühlen ohne Getriebe zum Einsatz, die etwa die Leistung eines Göpelwerkes erbrachten. Es folgten Wasserräder mit Umlenkgetrieben. Eine besondere Form war die Gezeitenmühle, die an Flussmündungen errichtet wurde und sich die Kraft auflaufenden und abfließenden Wassers durch besondere Wechseltechniken zunutze machte (auflaufendes Wasser trieb das Mühlrad in eine Richtung, in einem Becken gestautes ablaufendes Wasser in die entgegengesetzte). Ein berühmtes Beispiel war die Gezeitenmühle an der Mündung der Rance bei St. Malo in der Bretagne. Wegen des enormen Tidenhubs wurde in moderner Zeit dort das erste Gezeitenkraftwerk der Welt errichtet.

Im Zuge der Industrialisierung trieben leistungsfähige Wasserräder später die unterschiedlichen Arbeitsmaschinen an: Sägewerke, Hammerschmieden, aber auch Textilverarbeitung bis hin zur Stromerzeugung für ganze Fabriken. Bedeutende Weiterentwicklungen waren später die Wasserturbinen.

Auch die Windmühlentechnologie unterlag diversen Verbesserungen und Modifikationen, insbesondere, was das Flügeldesign betraf, wobei die Getriebetechnik des Mahlwerks von den Wassermühlen übernommen wurde. Ihr Verbreitungsgebiet umfasste insbesondere die nordeuropäischen Küstenländer und Ebenen in Deutschland und den Niederlanden. Windmühlen wurden nicht nur zur Verarbeitung von Getreide genutzt, sondern im Zuge der Industrialisierung auch von anderen Rohstoffen, wie Holz, Papier, Öl oder gar Tabak. Ein besonderes Einsatzgebiet fand sich bei der Entwässerung der Polder in den Niederlanden unter Zuhilfenahme der archimedischen Schraube (s. u.).

Weitere mechanische Techniken

Die archimedische Schraube

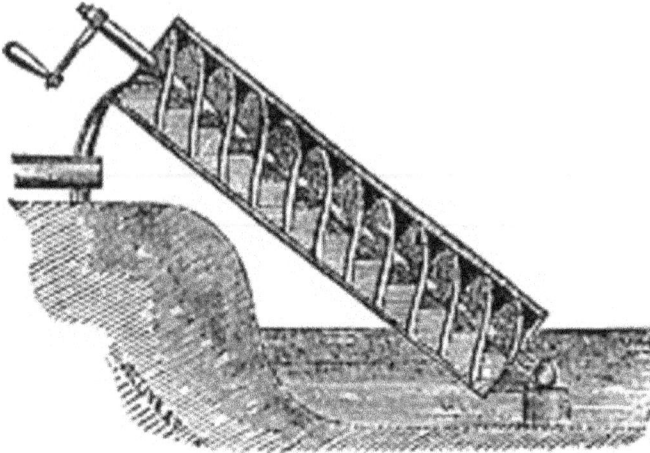

Abb. 6.1: Zeichnung einer typischen archimedischen Schraube.

Eine archimedische Schraube (Abb. 6.1) nutzt die Schwerkraft zum horizontalen bzw. schräg vertikalen Vorwärtstransport des Fördermaterials und stellt somit einen Sonderfall eines Schneckenförderers dar. Ihre Hauptkomponenten sind:

– eine schneckenförmige Wendel in einem Förderrohr, sowie
– zwei Tröge an den beiden Enden des Förderrohrs.

Wie der Name schon besagt, wird deren Erfindung auf den altgriechischen Mathematiker, Physiker und Ingenieur Archimedes (287–212 v. Chr.) zurückgeführt. Es gibt allerdings bereits Erwähnungen über den Bau solcher Geräte auf antiken Keilschrifttafeln aus Mesopotamien, die weitaus früher datiert sind. Exakte Anleitungen zum Bau finden wir bei dem römischen Architekten Vitruv – der im 1. Jahrhundert v. Chr. lebte –, nämlich in seinen „Zehn Büchern über Architektur" im X. Band „Machinarum".

Die archimedische Schraube wurde in Verbindung mit Windmühlen in der Vergangenheit über 500 Jahre lang großflächig zur Polderentwässerung in den Niederlanden eingesetzt. Bis zum Ende des 19. Jahrhunderts finden wir solche Kombinationen auch noch in Ostfriesland. Die Schnecke rotiert und fördert auf diese Weise z. B. Wasser aus der unteren Kammer in die obere, aus der das Wasser dann abgeleitet werden kann, während die untere Kammer sich wieder füllt. Weitere Einsatzgebiete waren u. a. in antiken spanischen Silbermienen. Früher wurden nur Schrauben mit einer maximalen Länge von 10 m hergestellt, erst in modernen Zeiten kamen solche mit größeren

Förderrohrlängen durch verbesserte Technologien auf den Markt. Eine weitere Möglichkeit, die Effizienz von archimedischen Schrauben zu erhöhen, besteht in der Zusammenschaltung von mehreren Apparaten als Kaskaden. Später wurde die archimedische Schraube weiter entwickelt zum Transport unterschiedlicher Medien, z. B. gedroschenes Getreide in Mähdreschern oder als Wasserkraftschnecke, in der der Wasserdruck zum Betrieb der Schnecke eingesetzt wird. Aus ihr entstanden letztendlich auch die Exzenterschneckenpumpe und der Propeller.

Der Flaschenzug

Wenn man heute durch kleine Städtchen flaniert, deren mittelalterlicher Stadtkern noch gut erhalten und von Kriegsschäden verschont geblieben ist, und den Blick nach oben in die Häusergiebel wendet, kann es sein, dass man über fensterlose verschlossenen Zugängen zum Dachboden noch Dachbalken mit Seilrollen und Haken am vorderen Ende sieht. Dabei handelt es sich um Relikte von Flaschenzügen, die zum Heben von Waren wie Heuballen, Fässern u. ä. verwendet wurden. Manche sind auch heute noch in Gebrauch.

Ein Flaschenzug dient der Krafteinsparung. Dabei wird der Energieerhaltungssatz allerdings nicht verletzt. Die Einsparung geschieht mittels loser Rollen. (Abb. 6.2) und eines Seiles. Das Seil ist entweder an der Stütze oder an einer anderen Rolle befestigt. Auf die untere lose Rolle wirkt noch das volle Gewicht. Die ausgeübte Kraft wird allerdings bereits beim unteren Seil halbiert. Folglich greift an der oberen losen Rolle nur noch die halbe Kraft an. Es erfolgt eine weitere Halbierung an dieser Rolle. Bei der letzten Rolle wirkt die Zugkraft, die durch eine feste Rolle umgelenkt wirkt. Bei losen Rollen potenziert sich diese Wirkung entsprechend:

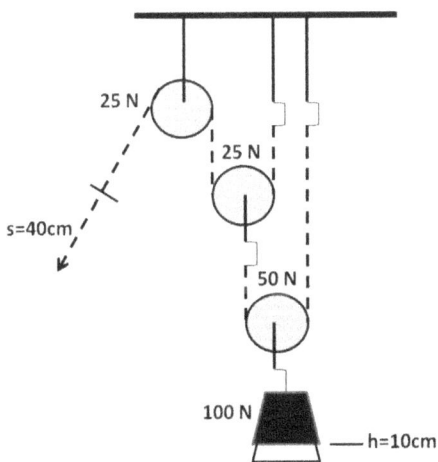

Abb. 6.2: Flaschenzug.

$$F_Z = F_L/2n, \tag{6.1}$$

$$s = nh \tag{6.2}$$

mit n der Anzahl tragender Seile.

Die Kolbenpumpe

Kolbenpumpen, wegen ihres Funktionsprinzips auch als Hubkolbenpumpen bezeichnet, wurden bereits von den alten Römer betrieben. Erfunden wurde sie nach Vitruv von Ktesibios (285–222 v. Chr.). Sie wurde teilweise aus Bronze, sonst auch aus mit Blei verkleidetem Holz hergestellt und diente der Wasserförderung. Sie besteht aus einem Zylinder mit einem Zu- und Ablauf, in dem ein Kolben läuft. Der Zylinder ist mit zwei Ventilen versehen, die sich im Laufe des Pumpvorgangs öffnen oder schließen.

Abb. 6.3 zeigt dazu eine Prinzipskizze. Beim Ansaugvorgang ist das Einlassventil geöffnet, das Auslassventil geschlossen und der Kolben bewegt sich nach rechts: die Flüssigkeit strömt ein. Beim Auslassvorgang bewegt sich der Kolben zurück, das Einlassventil schließt sich, das Auslassventil ist offen und die Flüssigkeit strömt heraus.

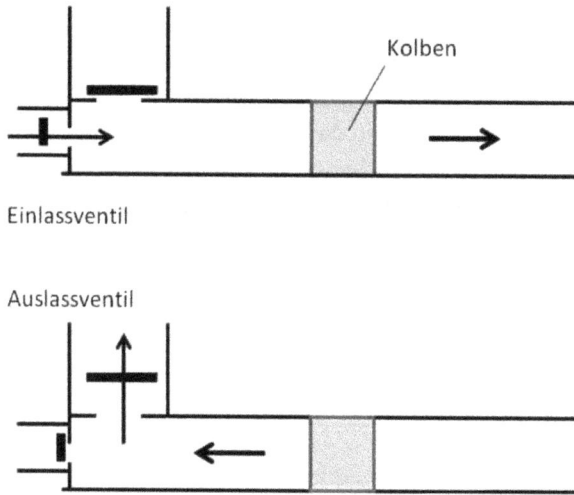

Abb. 6.3: Funktionsprinzip Kolbenpumpe.

Tretrad

Das Tretrad ist auch unter dem Begriff „Tretmühle" in die Literatur eingegangen. Das Prinzip ist einfach. Es handelt sich um ein meistens doppel-mannshohes Laufrad mit Speichen und Trittbrettern. Im Innern des Rades konnte ein Mann über die „Trittbrett-Pedalen" das auf einer Welle gelagerte Rad in Bewegung halten. Treträder wurden zum Wasserschöpfen, zum Lastenheben, aber auch im alten China zum Antrieb von Schiffen eingesetzt. Es gab auch Doppel- oder Mehrfach-Treträder, die von mehreren Männern angetrieben wurden. Erste Erwähnung finden solche Konstruktionen bereits um 1200 v. Chr. in Mesopotamien.

Wasserschöpfwerke

Mehrere der oben aufgeführten Konstruktionen dienten in der Antike auch allein oder in Kombination als Wasserschöpfwerke. Dazu gehörten:
- Schöpfeimer
- Schöpfeimerketten
- Seilwinden
- Tretrad
- Paternoster aus Tontöpfen
- Schaduff
- Göpelantriebe
- Kipplöffel.

Technische Weiterentwicklungen

Neben den bereits angesprochenen Entwicklungen von Mühlen und Fördermethoden wurden im Laufe des Mittelalters Verbesserungen im Detail vorgenommen, die das Leben der Menschen in Europa und Asien erleichterten. Dazu gehörten:
- die Vervollkommnung des Pferdegeschirrs (Brustgurt) zur Effizienzsteigerung bei Lastentransporten und der Feldbearbeitung
- das Hufeisen
- der radgestützte Pflug
- das Achterruder und bewegliche Segel auf Segelschiffen
- der Kanalbau
- Drehbänke
- Webstühle
- Spinnräder mit Fußantrieb
- die Herstellung von Säuren und Industriealkohol.

Die industrielle Revolution

Dampfkraft

Der Kreisprozess
Als thermodynamischer Kreisprozess wird ein Prozess bezeichnet, nach dessen Durchlauf die Zustandsgrößen eines Systems – wie Druck, Temperatur, Volumen, innere Energie – wieder dieselben Werte annehmen, die sie im Anfangszustand besaßen.

Bei einer Wärmekraftmaschine wird dem Arbeitsmedium Energie durch Wärme zugeführt. Das Prinzip wird in Abb. 6.4 dargestellt. Eigentlich müsste sie deshalb auch Wärmearbeitsmaschine genannt werden. Insofern ist der Begriff „Wärmekraftmaschine" eine historische Bezeichnung (s. Kapitel 4 zum Energiebegriff).

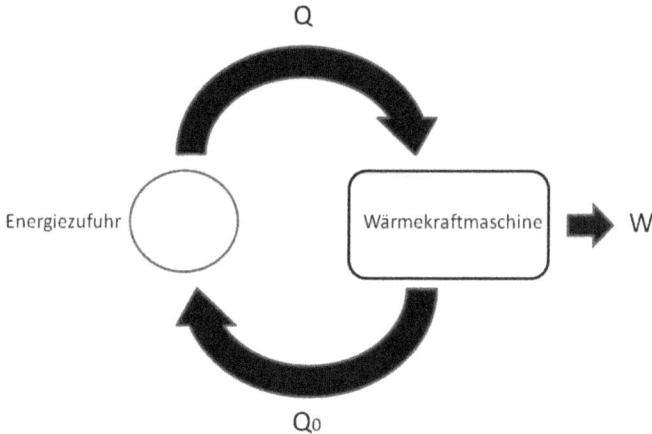

Abb. 6.4: Prinzip der Wärmekraftmaschine.

Die in einer solchen Maschine gewonnene Arbeit berechnet sich folgendermaßen:

$$W = Q + Q_0 \tag{6.3}$$

mit Q der zugeführten Wärme und Q_0 der abgeführten Wärme.

Die Dampfmaschine

Ab dem 18. Jahrhundert erschien ein Gerät in der Arbeitswelt, basierend auf diesem Grundprozess, welches völlig neue Möglichkeiten der Energieumwandlung und damit auch der -anwendung erschloss: die Dampfmaschine. Mit ihr wurde praktisch der Startschuss zu dem, was man auch als industrielle Revolution bezeichnet, gegeben. Auf jeden Fall kann man daran den Beginn des Industriezeitalters festmachen. Als ihr Erfinder wird allgemein der schottische Erfinder James Watt genannt. Watts eigentliche Leistung bestand allerdings „nur" in der Optimierung bereits vorhandener Dampfkraftmaschinen, die andere Ingenieure vor ihm entwickelt hatten.

Abb. 6.5 zeigt das Grundschema einer Dampfmaschine. In dem Dampferzeuger wird Wasser unter hohem Druck bis zum Siedepunkt erhitzt. Der expandierende Dampf treibt einen Kolben und kühlt sich durch die Expansion bereits wieder ab, bevor er im Kühler die verbleibende Wärme bis zur Kondensation zu Wasser, das in den Dampferzeugungskessel zurückgeführt wird, weiter abgibt.

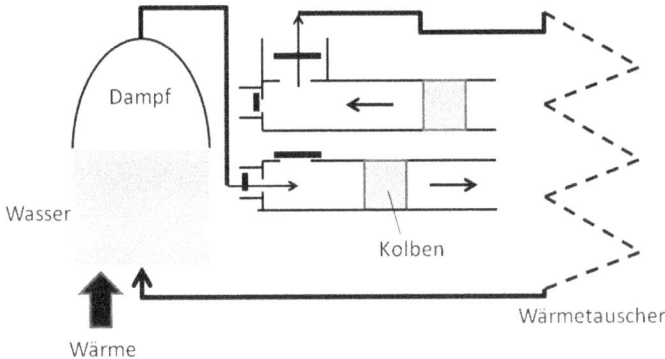

Abb. 6.5: Dampfmaschine – Schema.

Man unterscheidet je nach Ausführung unterschiedliche Typen von Dampfmaschinen, die in der Entwicklungsgeschichte eine Rolle gespielt haben:
- atmosphärische Dampfmaschinen
- Niederdruckdampfmaschinen
- Hochdruckdampfmaschinen
- Verbunddampfmaschinen
- Gleichstrom-Dampfmaschinen.

Neben dem Kolbenantrieb gibt es auch den Turbinenschaufelantrieb.

James Watt

Der schottische Erfinder James Watt wurde am 30. Januar 1736 in Greenock geboren. Er wurde in bescheidenen Verhältnissen groß. Wegen seiner Gesundheitsprobleme wurde er teilweise von seinen Eltern zuhause unterrichtet. Seine Lehre als Mechaniker in London brach er ab und fand eine Anstellung als Instrumentenmacher an der Universität von Glasgow. Zu der Zeit gehörte auch Adam Smith (1723–1790) zu seinem Bekanntenkreis. Im Jahre 1760 heiratete er seine Cousine Margret Miller (1736–1773). Von ihr hatte er sechs Kinder, von denen aber nur eines überlebte. Seine erste Frau starb bei der Geburt seines sechsten Kindes. Zwei Jahre später heiratete Watt zum zweiten Mal: Anne Macgregor.

Das Jahr 1764 wurde Watts Schicksalsjahr. James Watt erhielt nämlich von der Universität den Auftrag, eine Dampfmaschine zu reparieren. Die Maschine, die er zugewiesen bekam, war von der Bauart des Erfinders Thomas Newcomen (1663–1729). Aber Watt reparierte nicht nur – er verbesserte. Seine erste wesentliche Verbesserung bestand in der Zuschaltung eines Kondensators, um wechselseitiges Aufheizen des Zylinders bei jedem Zyklus zu vermeiden. Gleichzeitig umgab er zur besseren Isolation den Zylinder mit einem Doppelmantel. Watt machte sich selbstständig, arbeitete weiter an der Entwicklung der Dampfmaschine und versuchte sich finanziell als Feldvermesser über Wasser zu halten. Schließlich finanzierte ihn ab 1769 der Fabrikant John Roebuck (1718–1794). In diesem Jahr reichte er dann das Patent „A New Invented Method of Lessening the Consumption of Steam and Fuel in Fire Engines" ein. 1775 übernahm Matthew Boulton (1728–1809) das Patent, nachdem Roebuck insolvent geworden war, und gründete die Firma Boulton & Watt. Erst im Jahre 1776 kam die erste funktionsfähige Dampfmaschine in einer Fabrik von John Wilkinson (1728–1808) zum Einsatz. Es folgten weitere Verbesserungen durch James Watt:

- Umwandlung des Kolbenhubs in eine Drehbewegung mithilfe eines Kreisschubgetriebes: 1781
- Kolbenbewegung durch Dampfdruck von beiden Seiten: 1782
- Erfindung des „wattschen Parallelogramms" zur linearen Führung des Kolbengestänges: 1784
- Fliehkraftregler zur Drehzahlregelung: 1788.

Auf James Watt geht auch die Einführung der Einheit PS, heute Watt, für die Leistung zurück. In den Folgejahren versuchten Watt und Boulton die Weiterentwicklung der Dampfmaschine durch andere Ingenieure mit Verweis auf Watts ursprüngliches Patent auszubremsen. Im Jahre 1800 zog Watt sich aus dem Unternehmen zurück und verbrachte seinen Ruhestand in seinem Haus in Heathfield in Staffordshire, wo er im Jahre 1819 starb. Er wurde in St. Mary's Church in Handsworth bei Birmingham beigesetzt.

James Watt war Mitglied der Royal Society und korrespondierendes Mitglied der französischen Akademie der Wissenschaften. Zu Lebzeiten und nach seinem Tode erfuhr er weltweit zahlreiche Ehrungen.

***

Das Jahr 1796 brachte also den Wendepunkt. Durch die Verbesserungen von James Watt wurde die Dampfmaschine zu einer praktisch einsetzbaren Konstruktion, die ein breites Spektrum von Einsatzmöglichkeiten eröffnete und die Energiezufuhr unabhängig von Wind und Wasser machte. In der Folge entstanden Fabriken bis dahin ungeahnten Ausmaßes, Schiffe wurden mit Dampfkraft angetrieben und das Eisenbahnnetzwerk entstand. Hauptbrennstoff wurde die Kohle. Dabei entstand zunächst eine wechselseitige Abhängigkeit zwischen Dampfmaschine und Kohle. Der Kohleabbau stagnierte bis dahin wegen des auftretenden Grubenwassers bei immer tiefer liegenden Gruben. Durch die Dampfmaschine, zu deren Antrieb ebenfalls Kohle erforderlich war, konnte man jetzt das Grubenwasser abpumpen, und tiefer liegende Kohlevorkommen konnten erschlossen werden. Doch die Kohle enthielt noch ein weiteres Potenzial: Gas.

Gas

Kurz nach Beginn der industriellen Revolution kam ein weiterer neuer Energieträger zum Einsatz: Leuchtgas. Zunächst diente er der Straßenbeleuchtung in großen Städten, beginnend mit London. Später dann zur flächendeckenden Energieversorgung in Industrie und besonders in den Haushalten. Leuchtgas wurde durch Erhitzung von Kohle gewonnen. Verteiler waren in Deutschland die Gasanstalten ab 1825.

Elektrizität

Ab Mitte des 19. Jahrhunderts bekam die Dampfmaschine als Antriebsaggregat Konkurrenz durch die Entwicklung des Verbrennungsmotors und durch elektrische Antriebe. In diesem Abschnitt wollen wir uns zunächst der Elektrizität als Energieträger widmen. Neben ihrem Einsatz in Elektromotoren diente sie auch der Beleuchtung und der Wärmeerzeugung. Leben und Wirken einiger herausragender Pioniere auf diesem Gebiet sollen kurz vorgestellt werden.

Luigi Galvani

Der italienische Arzt und Naturforscher Luigi Aloisio Galvani wurde 1737 in Bologna geboren. Nach seinen Studien in Theologie und Medizin wandte sich sein Interesse der tierischen Anatomie und Physiologie zu – und zwar zunächst der von Vögeln. Berühmt wurde er durch seine Froschschenkel-Experimente, mit denen das weite Feld des nach ihm benannten Galvanismus bzw. der tierischen Elektrizität eröffnet wurde.

Galvani machte folgende Beobachtungen:

Wenn er einen Kreis aus Froschschenkeln, Kupfer- und Eisenelementen schloss, so zogen sich die Muskeln der Froschschenkel zusammen. Die heutige Erklärung dafür ist, dass Galvani einen Stromkreis hergestellt hatte, in dem das Froschschenkelgewebe zusammen mit den beiden Metallen einen Elektrolyten herstellte.

1. Er stellte eine ähnliche Reaktion fest, wenn er Froschschenkel mit einem metallenen Gegenstand, z. B. einem Messer, berührte und gleichzeitig ein Funken von einer Hochspannungsmaschine in der Nähe übersprang.
2. Das führte ihn zu folgender Versuchsanordnung: Am Dach seines Hauses befestigte er einen Draht ähnlich einem Blitzableiter und verband ihn mit einem Froschschenkel, von dem ein weiterer Draht in einen Brunnen führte. Während eines Gewitters registrierte er, dass der Froschschenkel jedes Mal reagierte, wenn ein Blitz in der Nähe zu sehen war.

Luigi Galvani starb im Jahre 1798 ebenfalls in Bologna, seiner Geburtsstadt. Nach ihm wurden verschiedene wissenschaftliche Begriffe, u. a. das Galvanometer, sowie ein Mondkrater benannt.

Alessandro Volta

Der italienische Physiker Alessandro Giuseppe Antonio Anastasio Volta wurde 1745 in Como geboren. Er gilt als einer der Begründer der Elektrizitätslehre und Erfinder der Batterie, nach dem die heutige Einheit der elektrischen Spannung, das Volt, benannt ist. Seine Eltern sahen für ihn zunächst eine Laufbahn als Jurist vor, Alessandro beschäftigte sich aber schon in jungen Jahren mit den Phänomenen der Elektrizität. Seine erste physikalische Arbeit veröffentlichte er im Jahre 1796 und seine erste Erfindung 1775: das Elektrophor zur Erzeugung statischer Elektrizität. Von da an ging es mit seiner professionellen Karriere aufwärts:

- 1774 Superintendent der staatlichen Schulen in Como
- 1775 Professor für Experimentalphysik in Como
- 1778 Professor für Physik an der Universität von Pavia.

Zu seinen Erfindungen und Entdeckungen gehören:

- Entdeckung des Methans in den Sümpfen des Lago Maggiore
- Entwicklung des ersten Gasfeuerzeugs (Volta-Pistole)
- das Eudiometer zur Messung des Sauerstoffgehalts in Gasen
- das Elektroskop zur Messung von kleinen Elektrizitätsmengen
- Einführung des Begriffs der elektrischen Spannung
- Berechnung der Kondensatorleistung und
- die voltasche Säule.

Mit seiner voltaschen Säule konstruierte er die erste elektrische Batterie. In ihr wurden alternierend Kupfer- und Zinkplatten, die von in Salzlösung getränkten Stoffen separiert waren, übereinander gestapelt. Damit wurde eine Gleichstromquelle für weitergehende Experimente auf dem Gebiet der Elektrizität durch andere Forscher bereitgestellt.

Alessandro Volta wurden zu Lebzeiten und darüber hinaus zahlreiche Ehrungen zuteil. Er wurde Mitglied der Royal Society, der Academie des sciences in Paris, der Göttinger und der Bayrischen Akademien der Wissenschaften. Nach ihm wurden die Einheit der elektrischen Spannung, das „Volt" sowie ein Mondkrater benannt. Er starb im Jahre 1827 in Como, seiner Geburtsstadt.

Michael Faraday

Der Physiker Michael Faraday (Abb. 6.6) wurde 1791 in Newington, Surrey geboren. Sein späterer Ruhm beruhte auf seine Erforschungen der Elektrizität und seine Arbeiten als chemischer Analytiker. Sein Werdegang als Wissenschaftler fand zunächst auf Umwegen statt und war mühselig. Aufgewachsen in einfachen Verhältnissen, besuchte er zunächst eine einfache Grundschule, bevor er mit zwölf Jahren in eine siebenjährige Buchbinderlehre einstieg. Über diese Beschäftigung kam er mit wissenschaftlichen Büchern in Kontakt, aus denen er sich ein erstes Grundwissen erwarb. Außerdem durfte er im Hause seines Lehrmeisters George Riebau kleinere Experimente durchführen.

Mit 19 Jahren lernte Faraday John Tatum kennen (1771–1858), der bei Riebau einmal in der Woche Vorträge über einfache wissenschaftliche Zusammenhänge für Handwerker hielt. Faraday protokollierte diese Vorträge in einem Notizbuch. Nach Abschluss seiner Lehrzeit wurde er Geselle als Buchbinder bei Henri de la Roche, obwohl er kein großes Interesse am Buchbinderberuf entwickelt hatte. Dann kam sein erster fruchtbarer Kontakt zur wissenschaftlichen Welt zustande.

Über seinen ehemaligen Lehrherrn Riebau, der Faradays Notizbuch an einen Kunden weitergab, kam es zu einem Kontakt mit einem Mitglied der Royal Institution, Humphry Davy (1779–1829), einem in der Fachwelt durch seine Lehrtätigkeit und Entdeckungen hoch anerkannten Chemiker. Nach einem ersten Austausch beschaffte ihm Davy eine Stelle als Laborgehilfe an der Royal Institution. Im Jahre 1813 begann Davy zusammen mit seiner Frau eine Rundreise durch Europa, auf der er Faraday als seinen wissenschaftlichen Gehilfen mitnahm. Im Zuge dieser Reise durfte auch Faraday vor erlauchten Gastgebern, zu denen hochrangige Koryphäen der europäischen Wissenschaft, u. a. auch Alessandro Volta, gehörten, Experimente vorführen. Die Reise führte von England über Frankreich, nach Italien, über die Schweiz, bis nach Deutschland und wieder zurück in die Heimat.

Abb. 6.6: Thomas Philipps: Michael Faraday.

Nach einer kurzen Unterbrechung nahm Faraday seine Stelle als Laborgehilfe wieder auf. Er wurde Mitglied der City Philosophical Society, vor der er 1816 seine ersten Vorträge über Chemie hielt. William Thomas Brande (1788–1866), Professor für Chemie und Nachfolger von Davy, der mittlerweile zum Vizepräsidenten der Royal Institution avanciert war, betraute Faraday bis 1831 mit der Herausgabe des Quarterly Journal of Science. In dieser Fachzeitschrift veröffentlichte Faraday selbst erstmalig. Bis 1819 waren 37 Veröffentlichungen von ihm dort erschienen. Er war auch weiterhin für Davy tätig, für den er Experimente durchführte. Ab 1819 begann er Experimente in eigener Regie oder in Kooperation mit anderen Wissenschaftlern durchzuführen. Im Jahre 1820 wurde zum ersten Mal eine Abhandlung von ihm vor der Royal Society verlesen, 1821 wurde er zum Superintendenten der Royal Institution ernannt, 1823 wurde er in die Royal Institution aufgenommen, und schließlich 1825 wurde er Leiter des Labors sowie 1833 Full Professor.

Michael Faraday arbeitet auf den weiten Feldern der Chemie und der Elektrizität. Seine Veröffentlichungen füllen Bände. Zu seinen wichtigsten Entdeckungen und Arbeitsergebnissen gehören:
- die elektromagnetische Rotation
- Verflüssigung von Gasen
- Entdeckung des Benzols
- Entdeckung der elektromagnetischen Induktion
- Grundlagen der Elektrolyse
- der faradaysche Käfig
- Untersuchungen der Dielektrizität.

Fernerhin stellte er Untersuchungen und Überlegungen zur Natur des Magnetismus, des Lichts und der Gravitation an. Durch die Vielzahl seiner Verpflichtungen und Interessen war Faraday gezwungen, seine Aktivitäten zwischen den Jahren 1840 und 1845 einzuschränken. Neben seiner eigentlichen wissenschaftlichen Arbeit nahm er Tätigkeiten für den britischen Staat an: Vorlesungen über Chemie an der Royal Military Academy in Woolwich, wissenschaftlicher Berater für die Schifffahrtsbehörde, Gutachter bei der Untersuchung von Explosionsunfällen und Unterstützung bei der Konservierung von Kunstgegenständen und Gebäuden.

Faraday war Mitglied der Sandemanianer, einer christlichen Sekte aus Schottland, in deren Gemeinde er auch als Diakon und Prediger tätig war.

Zu seinen Lebzeiten und später erfuhr er Auszeichnungen, die seiner wissenschaftlichen und öffentlichen Bedeutung entsprachen: Mitglied einer Vielzahl von Akademien, Orden und Benennungen, die seinen Namen trugen. Michael Faraday starb im Jahre 1867 in seinem Haus in Hampton Court Green und wurde auf dem Highgate-Friedhof begraben.

***

Schon mehrfach ist der Begriff der Elektrolyse erwähnt worden. Hintergrund ist, dass Strom nicht nur durch metallenen Leiter, also z. B. durch Kupferdrähte fließt, sondern auch durch Säuren, Basen oder Salzlösungen, die man Elektrolyte nennt, fließen kann. Wenn man z. B. einen metallischen Leiter, also z. B. eine Kupferplatte, in solch einen

Elektrolyten eintaucht, so versucht dieser Leiter, in Lösung zu gehen (Abb. 6.7). In Lösung gehen können neutrale Atome oder Elementarteilchen jedoch nicht. Das geschieht nur bei Ionen, also Atome mit einem Mangel oder einem Überschuss an Elektronen. Je nach dem sind sie entweder negativ oder positiv geladen – entsprechend dem Einfachen oder Mehrfachen einer Elektronenladung.

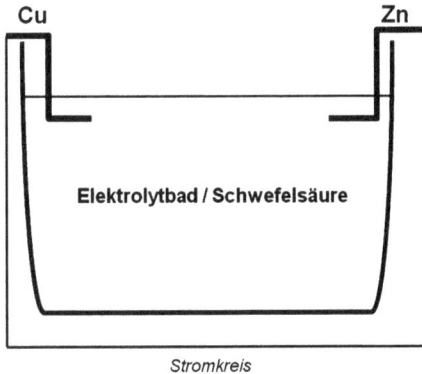

Abb. 6.7: Elektrolytbad.

Die elektrische Spannung zwischen Leiter und Elektrolyt entsteht durch den Lösungsvorgang. Sie ist abhängig von der Menge und der Art der tatsächlich eingesetzten Materialien. Entsprechend dem Leitermaterial entsteht entweder eine positive oder eine negative Spannung. In dem Beispiel aus Abbildung 6.7 lautet das Ergebnis:

Kupfer: +0,34 V
Zink: −0,76 V.

Werden beide Stoffe gleichzeitig in den Elektrolyt eingelassen, ergibt sich eine Gesamtspannungsdifferenz von 1,1 V. Durch Kurzschließen über einen Leiterdraht kann Strom abgenommen und einem Verbraucher zugeführt werden. Damit ist eine einfache Gleichstrombatterie entstanden. Das ist eine Möglichkeit, Gleichstrom zu erzeugen. Es war auch bekannt, dass Strom auch durch Bewegung eines Leiters in einem Magnetfeld erzeugt wird. Letzteres Phänomen wird genutzt, um den Wechselstrom zu erzeugen. Dazu wird ein Generator eingesetzt, also eine bewegliche Leiterspule, die in einem Magnetfeld gedreht wird (Abb. 6.8). Die Drehzahl, also die Frequenz, wird in Hz gemessen: 1 Umdrehung pro Sekunde ist gleich 1 Hz. In Deutschland beträgt der Wechselstromstandard 50 Hz. Wegen der sich ändernden Ausrichtung der Spule gegenüber dem Magnetfeld folgen Wechselstrom und Wechselspannung einer Sinuskurve (Abb. 6.9):

$$i = i_{max} * \sin(\omega t), \tag{6.4}$$

ω wird auch als Kreisfrequenz bezeichnet. Spannung und Strom sind in Phase:

$$i = (u_{max}/R) * \sin(\omega t). \tag{6.5}$$

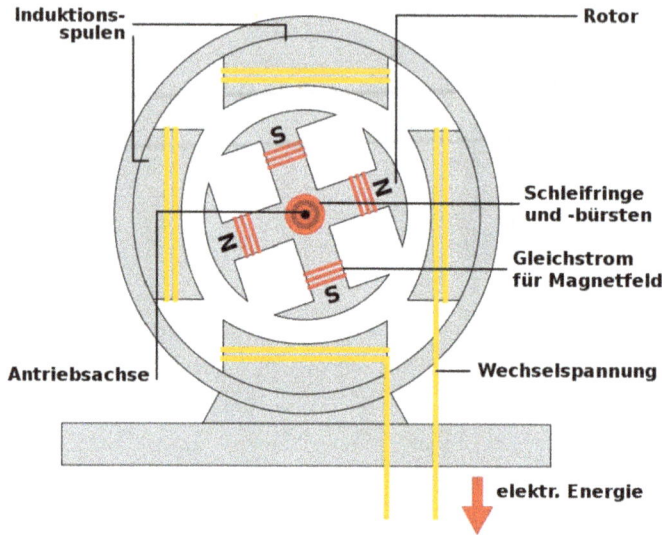

Abb. 6.8: Generatorprinzip; https://de.wikipedia.org/wiki/Elektrischer_Generator#/media/Datei: Generator.svg; CC.

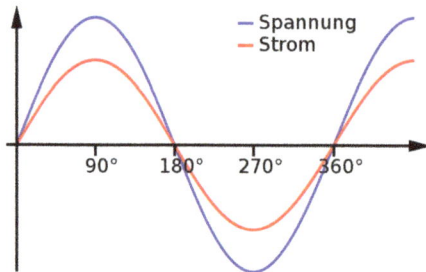

Abb. 6.9: Wechselstrom und Wechselspannung.

***

Großflächig wurde die Elektrizität erst vor etwa 100 Jahren durch Kraftwerke und den Bau von Übertragungsnetzen der Allgemeinheit verfügbar. Im industriellen Bereich ersetzte der elektrische Strom nach und nach die direkte Dampfkraft, obwohl die Turbinen, die die Generatoren antrieben nach wie vor von Dampf angetrieben wurden. Die Wärme zur Dampferzeugung wurde durch die Verbrennung von Kohle, später auch mehr und mehr von Öl, erzeugt.

Der Verbrennungsmotor

Durch die Erfindung des Verbrennungsmotors wurden Pferdefuhrwerke zum Lasten- und Personentransport durch Automobile ersetzt, in der Landwirtschaft Ochsenkarren und von Pferden gezogene Pflugscharen durch Traktoren. Zu unterscheiden bei den Verbrennungsmotoren sind im Wesentlichen drei Typen: Dieselmotor, Viert-Takt-Motor und Zwei-Takt-Motor. Abb. 6.10 zeigt die Funktionsweise des Vier-Takt-Motors:
1. Takt (I): Ansaugen des gasförmigen Treibstoffgemisches
2. Takt (II): Verdichten
3. Takt (III): Verbrennung, ausgelöst durch den Funken der Zündkerze
4. Takt (IV): Auspuffen des Abgases.

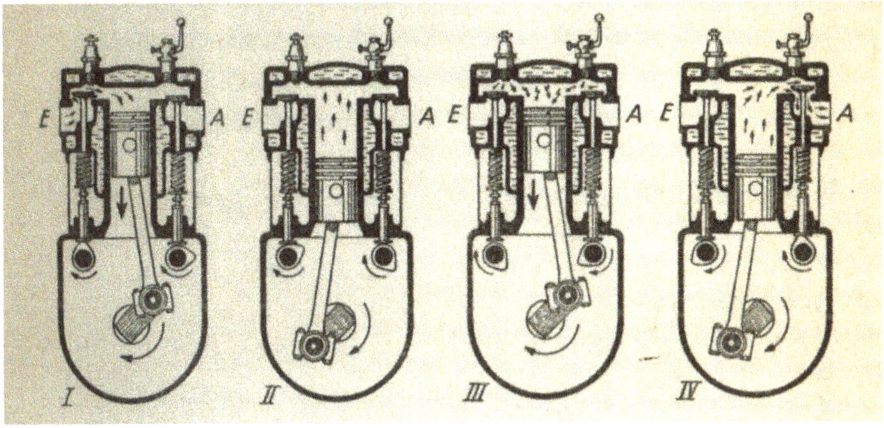

Abb. 6.10: Funktionsweise eines Vier-Takt-Motors [17].

Energieversorgung der Gegenwart

Im Folgenden werden zunächst alle global im Einsatz befindlichen Technologien vorge- stellt – unabhängig von der aktuellen politischen und gesellschaftlichen Bewertung.

Wärme- und Verbrennungskraftanlagen

In klassischen Wärme- und Verbrennungskraftanlagen wird die chemische Bindungsenergie fossiler Brennstoffe in mechanische Arbeit und über deren Weitergabe an Generatoren in Elektrizität umgewandelt. Die Übertragung der Energie in Form von Wärme erfolgt in einer Wärmekraftanlage über die Verbrennungsgase, während in einer Verbrennungskraftanlage das Verbrennungsgas als Energieträger fungiert, wie oben beim Vier-Takt-Motor dargestellt. Den Kreisprozess einer Dampfkraftanlage haben wir ja bereits weiter oben kennengelernt. Neben Wasserdampf können auch Gase z. B. in Turbinen als Energieträger verwendet werden.

Es gibt allerdings auch Wärmekraftanlagen, die nicht auf fossiler Brennstoffbasis arbeiten, in diesen Anlagen wird nicht die chemische Bindungsenergie freigesetzt, sondern die nukleare: Kernkraftwerke. Hier geschieht die Energieübertragung auf ein Kühlmedium, welches wiederum seine Wärme an einen Sekundärkreislauf zum Antrieb einer Turbine und an einen daran angeschlossenen Generator abgibt.

Bei der Bewertung der Effizienz einer Wärme- bzw. Verbrennungskraftanlage spielt der Wirkungsgrad eine Rolle. Der Wirkungsgrad macht eine Aussage darüber, welcher Anteil der zugeführten Primärenergie letztendlich in Nutzleistung umgewandelt wird. Typische Wirkungsgrade sind für:
– ältere Dampfkraftanlagen 20–30 %
– moderne Dampfkraftwerke bis zu 40 %
– Automobilmotoren ca. 25 %
– Großmotoren bis zu 42 %
– offene Gasturbinenanlagen 20–30 % [18].

Das bedeutet, dass nur ein geringer Teil der über den Brennstoff zugeführten Energie in nutzbare Energie umgewandelt wird. Der Rest geht als Abwärme an die Umgebung. Wo entstehen nun aber die Verluste z. B. einer einfachen Dampfkraftanlage? Beispielhaft seien genannt:
– bei der Verbrennung selbst
– beim Abgastransport
– bei der Wärmeübertragung auf ein anderes Medium
– in der Turbine
– in einem im Kreislauf befindlichen Kondensator
– bei diversen Pumpen etc.

Kraftwerke
Die Abbildung 6.11 zeigt das Schema eines Kohlekraftwerkes. Der Kreislauf setzt sich aus den folgenden Komponenten zusammen:

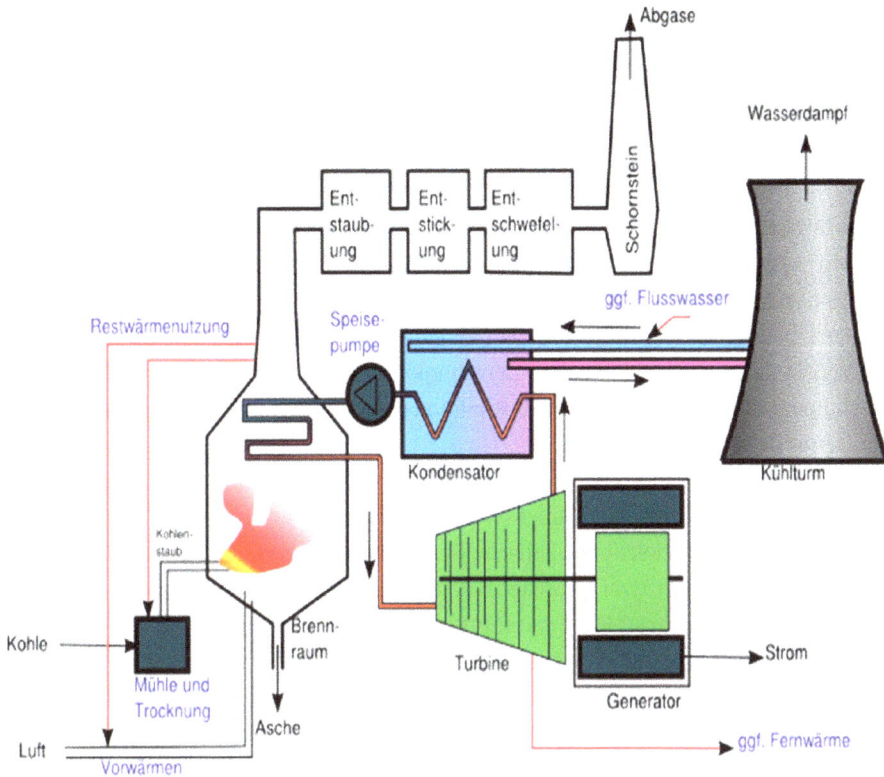

Abb. 6.11: Kohlekraftwerk; https://commons.wikimedia.org/wiki/File:Kohlekraftwerk.svg; Kolossos.

– Kohlebeladung
– Mühle und Trocknung (bei Braunkohle: Separierung von Erde und Geäst etc.)
– Brennkammer für Kohlestaub
– Wärmetauscher
– für das Abgas:
    – Entstaubung
    – Entstickung
    – Entschwefelung
– Turbine
– Generator
– Kondensator
– Speisepumpe
– Kühlturm.

Kraftwerke, die andere fossile Energieträger nutzen (Gas, Öl) sind ähnlich strukturiert – mit Ausnahme des Frontends, wo der Energieträger zugeführt wird. Die Turbine wird in der Regel mit Wasserdampf über den Wärmetauscher betrieben. Nutzt man dagegen ein anderes Gas, so spricht man von einem Gasturbinenkraftwerk. Öl als Brennmittel wird heute nicht mehr in Großkraftwerken eingesetzt. Lediglich der aus Öl gewonnene Dieseltreibstoff wird in Notstromaggregaten genutzt.

Kernkraftwerke

Obwohl in Deutschland die Nutzung der Kernenergie zur Elektrizitätserzeugung im Jahre 2023 beendet wurde, existieren weltweit Hunderte von Kernkraftwerken, die weiterhin betrieben werden. Zudem befindet sich eine große Anzahl von Kernkraftwerken in Bau, sodass die Kernenergie als Energietechnologie nach wie vor eine große Rolle spielt. Aus diesem Grunde ist es sinnvoll, die Funktionsweise und Besonderheiten dieser Technologie im Detail zu betrachten.

Was die Kreislaufthermodynamik betrifft, so gelten die gleichen Bedingungen wie für die Dampfkraft allgemein. Lediglich die chemische Verbrennung des fossilen Energieträgers wird durch kernphysikalische Reaktionen, durch die Spaltung, ersetzt. Die Bezeichnung „Atomkraftwerk" ist dabei irreführend, da die Spaltung und damit die Freisetzung der nuklearen Bindungsenergie im Kern (Nukleus) des Atoms stattfindet. Reaktionen in der Atomhülle spielen eine Rolle etwa bei der Photovoltaik (s. u.). Als geeignete Energieträger, also Spaltmaterial, werden allgemein genutzt: $_{235}$U und $_{239}$Pu. Die Spaltung wird durch Neutronen hervorgerufen. Bei der Spaltung werden 2–3 weitere Neutronen frei, die wiederum Spaltungen von Nachbarkernen generieren, sodass eine Kettenreaktion entsteht, die es mit geeigneten Maßnahmen zu kontrollieren gilt.

Ein Kernreaktor wird „kritisch" genannt, wenn nach einer Anfahrphase eine kontrollierte Kettenreaktion stattfindet. Ein Maß dafür ist der sogenannte Multiplikationsfaktor k, der eine Aussage über die Neutronendichte macht. Ist $k < 1$ so wird die Kettenreaktion nicht mehr aufrechterhalten; wäre k sehr viel größer als 1, so würde die Kettenreaktion außer Kontrolle geraten. Der Neutronenfluss hängt von diversen Faktoren ab, die hier zu erörtern, zu weit führen würden. Eine wichtige Rolle spielen dabei:
- der Moderator und
- Absorber.

Die Spaltwahrscheinlichkeit eines Atomkerns variiert mit der Energie des eindringenden Neutrons und ist bei sehr langsamen Neutronen sehr groß. Man spricht dabei von Resonanzen. Die bei der Spaltung frei werdenden Neutronen sind allerdings schnell. Um sie auf die geeignete Geschwindigkeit abzubremsen, werden Moderatoren eingesetzt, z. B. Kohlenstoff, aber in der Regel Wasser. Durch die Streuung der schnellen Neutronen an den Kernen des Moderators verlieren sie ihre ursprüngliche Energie und gelangen so in den Bereich hoher Spaltbarkeit. Wasser bietet sich auch aus einem anderen Grund als Moderator an: Es wird gleichzeitig als Kühlmittel genutzt, das sich durch die bei der Spaltung frei werdende Energie von 180 MeV je Spaltvorgang erhitzt. Diese Wärme wird über einen Wärmetauscher an einen Sekundärkreislauf abgegeben, in dem die üblichen Komponenten zur Stromerzeugung (Turbine, Generator) eingebunden sind. Die Wahrscheinlichkeit einer Spaltung in Abhängigkeit von der Neutronenenergie wird als „Wirkungsquerschnitt" bezeichnet mit der Einheit [barn]:

$$1 \, \text{barn} = 10^{-24} \, \text{cm}^2. \tag{6.6}$$

Um einen Reaktor effektiv zu steuern oder auch abzuschalten, bedarf es Materialien, die den Neutronenfluss stoppen, d. h. die einen hohen Wirkungsquerschnitt haben, Neutronen einzufangen und zu absorbieren. Dazu gehört z. B. Cadmium. Durch das Einfahren von Steuerstäben mit diesem Material kommt der Neutronenfluss zum Erliegen, und die Kettenreaktion bricht ab. k wird < 1.

In den meisten Ländern werden Reaktoren eingesetzt, die durch normales Wasser moderiert und gekühlt werden (Abb. 6.12). Dabei unterscheidet man zwei Reaktortypen:
–   Druckwasserreaktoren und
–   Siedewasserreaktoren.

Bei Druckwasserreaktoren wird der Wasserdruck so eingestellt, dass auch bei höheren Temperaturen das Wasser flüssig bleibt. Es erfolgt ein Wärmetausch an einen Sekundärkreislauf, in dem sich die Turbine befindet. Bei Siedewasserreaktoren verdampft ein Teil des Wassers. Dieser Dampf wird der Turbine direkt zugeführt, um danach wieder nach Passieren eines Kondensators ins Reaktorgefäß zurückgeführt zu werden. Ein Nachteil ist, dass dadurch die Turbine radioaktiv kontaminiert wird. Neben diesen beiden Reaktortypen gibt es noch weitere Reaktorkonstellationen:
–   Graphit moderierte
–   Schwerwasser gekühlte
–   Gas gekühlte.

Zu den modernen Reaktoren der IV. Generation gehören (s. a. dazu den Abschnitt über Transmutation im nächsten Kapitel):
–   Natrium gekühlter schneller Reaktor (Kühlung durch flüssiges Natrium, Uran- oder MOX-Brennelemente)
–   Blei gekühlter schneller Reaktor (Kühlung durch flüssiges Blei)
–   Gas gekühlter schneller Reaktor (Kühlung durch Helium; Brennelemente aus einer Pu-U-Carbid-Mischung)
–   Salzschmelzreaktor TMSR (Thorium Molten Salt Reactor; Thorium-Fluoridsalz-Gemisch)
–   Salzschmelzreaktor HTR (Fluoride Cooled High Temperature Reactor; Brennstoffkügelchen in Graphitblöcken)
–   superkritischer Leichtwasserreaktor (Kühlung durch Wasser, Brennelemente aus Oxidkeramik).

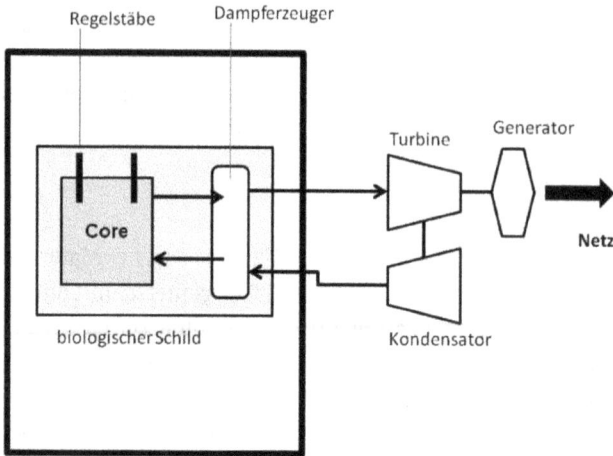

Abb. 6.12: Kernkraftwerk schematisch.

Zu einem Kernkraftwerk gehören noch folgende Nebenanlagen, die u. a. auch der Sicherheit dienen:
- Lager für neue und abgebrannte Brennelemente
- Transportgeräte zum Beladen und Entladen des Reaktorkerns
- Anlagen zum Nachfüllen des Primärkühlmittels
- Reinigungskreisläufe für den Primärkühlmittelstrom
- Strahlenabschirmungen
- Steuer- und Regelanlagen
- Abwasser- und Abgasaufbereitungsanlagen zur Entfernung der radioaktiven Stoffe
- Vorrichtungen zur Notabschaltung der Kettenreaktion
- Notkühlungsanlagen
- Notstromversorgung
- Lager für radioaktive Abfälle.

Solarenergie

Wenn wir über Solarenergie reden und deren Anwendung, d. h. deren Umwandlung zu nutzbarer Energie, zur Strom- oder Wärmeerzeugung, dann meinen wir grundsätzlich zwei Arten, die technisch völlig unterschiedlich sind:
- Solarkraftwerke, welche die Wärme der Sonneneinstrahlung nutzen und diese ähnlich wie im Nachlauf klassischer Kraftwerke umwandeln und
- Energieumwandlungsanlagen, die den photoelektrischen Effekt nutzen und ganz anders funktionieren.

Bei beiden kommt am Ende Strom heraus.

Solarkraftwerke

Solarthermische Kraftwerke nutzen die in Wärme umgewandelte Sonnenstrahlung zur Stromerzeugung. Ein solarthermisches Kraftwerk produziert Strom im Bereich von 50 bis 250 Megawatt. Bei Zwischenschaltung eines thermischen Speichers kann Strom planbar bereitgestellt werden – also auch nach Sonnenuntergang.

Solarthermische Kraftwerke nutzen verschiedene Technologien. Konzentrierende Systeme bündeln das Sonnenlicht mithilfe von Spiegeln. Man unterscheidet:

- Parabolrinnenkraftwerke
- Fresnelkraftwerke
- Turmkraftwerke und
- Solar Dishes.

Die gewonnene Wärmeenergie wird bei Temperaturen deutlich über 100° C an einen Dampfkreislauf mit Turbine und Generator abgegeben.

Die Kraftwerksstandorte liegen vorzugsweise im sogenannten Sonnengürtel der Erde. Der Sonnengürtel erstreckt sich ungefähr zwischen dem 40. nördlichen und dem 40. südlichen Breitengrad; also zum Beispiel zwischen Südspanien und Südafrika.

Ein Beispiel für ein Parabolrinnenkraftwerk ist der Andasol-Komplex (Abb. 6.13) in Südspanien. Er besteht aus drei baugleichen Kraftwerken, Andasol 1–3, die zwischen 2008 und 2011 in Betrieb gegangen sind.

Abb. 6.13: Andasol-Sonnenkraftwerk; https://commons.wikimedia.org/wiki/File:12-05-08_AS1.JPG; BSMPS.

In dem Parabolrinnenkraftwerk Andasol werden die Sonnenstrahlen durch ge-
wölbte Spiegel gebündelt und auf ein Rohr fokussiert, in dem sich Thermo-Öl befindet,
das dadurch auf 400 °C erhitzt wird. Über einen Wärmetauscher wird die Wärme an
einen Dampfkreislauf mit angeschlossener Turbine und Generator abgegeben. Durch
die Zwischenschaltung eines Wärmespeichers aus einem flüssigen Salzgemisch kann
Energie gespeichert werden, die bei fehlender Sonneneinstrahlung, z. B. nachts, zur
Stromerzeugung verwendet wird.

Hier die technischen Daten für Andasol 1 (Tabelle 6.1):

Tab. 6.1: Technische Daten Andasol 1.

Lage:	rund 10 km östlich von Guadix in der Provinz Granada
Solarfeld	
Größe des Solarfeldes:	497.040 m^2
Anzahl der Parabolspiegel:	204.288
Maße der eingesetzten Parabolspiegel:	Länge rund 12 m, Breite etwa 6 m
Anzahl der Receiver (Absorberrohre):	21.888 Rohre von je 4 m Länge
Speicherkapazität des Wärmespeichers:	30.000 t Salz für 8 Volllaststunden
Turbinenleistung:	rund 50 MW
Jährliche Betriebsstunden:	3.700 Volllaststunden
Erwartete Nettostromerzeugung:	rund 170 GWh

Photovoltaik

Energie in Form von Sonnenlicht beträgt pro Jahr etwa $1{,}1 \times 10^{18}$ kWh. Dieser Betrag wird
durch die Atmosphäre, insbesondere durch Wolken, gemindert. Das Sonnenlicht kann
prinzipiell durch den photoelektrischen oder lichtelektrischen Effekt mittels Solarzellen in elektrische Energie umgewandelt werden. Beim lichtelektrischen Effekt werden
durch Lichteinfall auf eine metallische Platte Elektronen freigesetzt.

Solarzellen bestehen aus verschiedenen Halbleitermaterialien. Halbleiter sind Stoffe, die unter Zufuhr von Licht oder Wärme elektrisch leitfähig werden, während sie bei
tiefen Temperaturen isolierend wirken.

Über 95 % aller auf der Welt produzierten Solarzellen bestehen aus dem Halbleitermaterial Silizium (Si). Silizium bietet den Vorteil, dass es als zweithäufigstes Element
der Erdrinde in ausreichenden Mengen vorhanden ist. Zur Herstellung einer Solarzelle wird das Halbleitermaterial „dotiert". Damit ist das Einbringen von chemischen
Elementen gemeint, mit denen man entweder einen positiven Ladungsträgerüberschuss (p-leitende Halbleiterschicht) oder einen negativen Ladungsträgerüberschuss
(n-leitende Halbleiterschicht) im Halbleitermaterial erzielen kann. Werden zwei unterschiedlich dotierte Halbleiterschichten gebildet, entsteht an der Grenzschicht ein
sogenannter p-n-Übergang.

An diesem Übergang baut sich ein inneres elektrisches Feld auf, das zu einer Ladungstrennung der bei Lichteinfall freigesetzten Ladungsträger führt. Über Metallkontakte kann eine elektrische Spannung abgegriffen werden.

Solarzellen sind in Solarmodulen zu größeren Einheiten verbunden. Der Strom, der auf diese Weise in den Photovoltaikanlagen erzeugt wird, kann entweder direkt vor Ort genutzt oder ins Netz eingespeist werden. Da die Solarmodule Gleichspannung erzeugen, muss dieser vor der Einspeisung über Wechselrichter zunächst in Wechselspannung umgewandelt werden.

Photovoltaikanlagen unterliegen allerdings einem schwankenden Strahlungsangebot: die Strahlung variiert in Abhängigkeit von der Tageszeit, den Wetterbedingungen und jahreszeitlichen Einflüssen. Im Juli produziert eine Solaranlage z. B. das Mehrfache gegenüber dem Ertrag im Dezember. Aus diesem Grund sind Photovoltaikanlagen nicht als Grundlast geeignet, sondern bilden einen Baustein im Energiemix eines Landes. Der Wirkungsgrad einer Solaranlage ist das Verhältnis zwischen der einfallenden Lichtenergie und der erzeugten elektrischen Energie. Er kann sowohl für eine einzelne Photozelle als auch für ein Solarmodul und schließlich für die gesamte Anlage inklusive Wechselrichter und sonstiger Komponenten ermittelt werden. Die Wirkungsgrade hängen vom verwendeten Zellmaterial (amorphes Silizium, Cadmiumtellurid, polykristallines Silizium, monokristallines Silizium) ab und liegen für typische Solarmodule zwischen 6 % und 30 %. Solarkraftwerke erreichen Wirkungsgrade von 14–16 %.

Der Wirkungsgrad einer kompletten Solaranlage hängt allerdings nicht nur vom Zellenmaterial ab. Hinzu kommen noch weitere Faktoren:
– Ausrichtung zur Sonne
– Verschattungsgrad durch die Umgebung
– Belüftung
– Wetterbedingungen
– geographische Lage (Breitengrad).

Die Ausrichtung zur Sonne variiert natürlich im Tagesverlauf mit dem Einstrahlwinkel. Die Verschattung wird durch umgebende Bäume, Nachbargebäude und andere Strukturen wie Fahnenmasten etc. hervorgerufen. Der Wirkungsgrad von Solarzellen sinkt mit steigenden Umgebungstemperaturen, weshalb günstige Windverhältnisse in Höhenlagen oder an der Küste den Wirkungsgrad positiv beeinflussen. Die geographische Breite bestimmt schließlich auch die Länge des Tages zwischen Sonnenaufgang und Sonnenuntergang.

Bei der Konzeption einer Photovoltaikanlage sind folgende Gesichtspunkte zu beachten:
– Netzanschlussanpassung bei größeren Anlagen
– Flächenbedarf der Solarmodule
– Ausrichtung und Neigungswinkel
– Dimensionierung des Wechselrichters.

Wasserkraft

Zur Verdeutlichung des Themas Wasserkraft eignet sich am besten die Beschreibung eines existierenden technischen Beispiels – sozusagen ein lebendes Objekt. Ein solches Beispiel findet sich in den Moselstaustufen zwischen Trier und Koblenz.

Seit den 60er Jahren wird zwischen Koblenz und Trier von zehn Wasserkraftwerken Strom aus dem Lauf der Mosel erzeugt. Diese Kraftwerke generieren insgesamt eine Leistung von 200 MW. Auf diese Weise werden jährlich etwa 800 Millionen kWh erzeugt und versorgen somit das Äquivalent von 250.000 Haushalten mit elektrischer Energie.

Die erforderliche Wassertiefe dafür beträgt 2,90 m bei einer Breite von 40 m. Mit dem Bau von Kraftwerken mussten Staustufen, Wehre und Schleusen zur Regulierung des Wasserflusses gebaut werden. Die Abschnitte zwischen zwei Staustufen betragen 4,19 bis 28,98 km, die zu überwindenden Höhenunterschiede zwischen 2,7 und 9 m. Die Schleusenkammern sind durchschnittlich 172 m lang und 12 m breit. Ansonsten sind alle Kraftwerke baugleich. Der Strom wird über Kaplan-Turbinen erzeugt, die schräg im Wasser liegen. Tabelle 6.2 gibt eine Übersicht über die 10 Staustufen.

Tab. 6.2: Mosel-Staustufen zwischen Trier und Koblenz; RWE Power (2011): Mosel-Kraftwerke, http://www.rwe.com.

Nr.	Name	Ort	Baujahr	Mosellage [km]	Fallhöhe [m]	Leistung [MW]
1	Staustufe Koblenz	Koblenz	1951	1,90	4,70	16,0
2	Staustufe Lehmen	Lehmen	1961	20,76	7,50	20,0
3	Staustufe Müden	Müden	1964	37,11	6,50	16,4
4	Staustufe Fankel	Bruttig-Fankel	1964	59,38	7,00	16,4
5	Staustufe St. Aldegund	St. Aldegund	1963	78,37	7,00	16,4
6	Staustufe Enkirch	Enkirch	1964	103,01	7,50	18,4
7	Staustufe Zeltingen	Zeltingen-Rachtig	1964	123,84	6,00	13,6
8	Staustufe Wintrich	Wintrich	1964	141,48	7,50	20,0
9	Schleuse Detzem	Detzem	1964	166,18	9,00	–
9	Wehr Detzem	Pölich / Detzem	1964	166,85	9,00	24,0
10	Staustufe Trier	Trier	1964	195,76	7,25	18,8

Kaplan-Turbinen haben einen Wirkungsgrad von über 80 %. In jedem Kraftwerk außer in Koblenz kommen vier Turbinen zum Einsatz. Die Schaufeln am Laufrad der Turbine sind verstellbar und können so den schwankenden Wasserständen der Mosel angepasst werden. Obwohl alle Kraftwerke autonom und automatisch arbeiten, gibt es einen zentralen Leitstand in Fankel (Abb. 6.14), von dem aus die gesamte Kette überwacht wird. Manuelle Eingriffe sind insbesondere bei extremen Wasserständen für die Pegelregelung erforderlich, um u. a. den Schiffsverkehr zu gewährleisten.

Abb. 6.14: Staustufe Fankel; Ikar.us; https://commons.wikimedia.org/wiki/File:Staustufe_Fankel.jpg.

Speicherkraftwerke

In Speicherkraftwerken wird vor allem die potenzielle Energie des Wassers zur Stromerzeugung genutzt. Hier werden möglichst große Fallhöhen angestrebt. Dies wird in gebirgigen Regionen durch die Errichtung von Talsperren mit hohen Staumauern erreicht, in denen das Wasser eines oder mehrerer Fließgewässer aufgestaut wird. Am Fuße der Staumauer, wo das Wasser den höchsten Druck aufgebaut hat, wird es zum Antrieb der Generatoren in die Turbinenanlagen eingespritzt.

Große Speicherkraftwerke sind vor allem in den Hochgebirgen zu finden. Durch teilweise mehrere in verschiedenen Höhenlagen befindliche und durch Rohrleitungen oder Schächte miteinander verbundene Staubecken werden hier Fallhöhen von bis zu über 1000 m realisiert. Solche Großkraftwerke können durch den Einsatz mehrerer Turbinen-Generator-Einheiten insgesamt Leistungen von mehreren Tausend MW erzeugen.

Speicherkraftwerke dieses Ausmaßes sind in den Mittelgebirgsräumen nicht anzutreffen. Im Thüringer Wald kann als erwähnenswerte Anlage das Kleinspeicherkraftwerk an der Wisenta in der Nähe von Schleiz genannt werden, welches eine installierte Leistung von ca. 4 MW aufweist. Die bereits 1920 gebaute Anlage ist auch aufgrund der hier eingesetzten historischen Maschinentechnik sehenswert.

Eine Sonderform der Speicherkraftwerke sind die Pumpspeicherkraftwerke, die zu Regulierungszwecken im Stromnetz eingesetzt werden. Sie können bei Bedarf zur Abdeckung von Lastspitzen Elektroenergie in das Netz einspeisen. In Zeiten geringen Strombedarfs (z. B. nachts), wenn von den Kraftwerken im Netz Überschüsse produziert werden, nehmen sie diese Energie wieder auf. Sie sind daher eher als Energiespeicher, vergleichbar mit Akkumulatoren, zu betrachten.

Pumpspeicherkraftwerke bestehen aus zwei Staubecken in unterschiedlicher Höhenlage, dem Ober- und dem Unterbecken (Abb. 6.15).

Abb. 6.15: Das Koepchenwerk am Hengsteysee in Herdecke; https://commons.wikimedia.org/wiki/File: Koepchenwerk.jpg; Jochen Schneider.

Zur Stromerzeugung strömt Wasser aus dem Oberbecken durch Leitungssysteme über die Turbinen in das Unterbecken. Die an die Turbinen angekoppelten elektrischen Maschinen werden dabei durch die Wasserkraft angetrieben und erzeugen Elektroenergie. Sie arbeiten in diesem Fall wie im herkömmlichen Wasserkraftwerk als Generatoren. Die gleichen Maschinen können aber auch Energie aus dem Netz aufnehmen. Sie arbeiten dann als Motoren und treiben in umgekehrter Drehrichtung die Turbinen an, die somit als Pumpen arbeiten und das Wasser vom Unterbecken wieder zurück ins Oberbecken befördern.

Bedeutende Pumpspeicherkraftwerke sind die Anlagen „Hohenwarte I u. II" an der Hohenwarte-Talsperre bei Saalfeld mit einer installierten Leistung von zusammen etwa 380 MW sowie die Anlage bei Goldisthal in der Nähe von Neuhaus. Mit 1060 MW installierter Leistung ist dies eines der größten Pumpspeicherkraftwerke Europas.

Speicherkraftwerke sind zugleich Reserven und dienen zum Ausgleich, indem z. B. „stromarme" Regionen mit elektrischer Energie aus gebirgigen Regionen versorgt werden. Ähnliche Überlegungen spielen auch eine Rolle bei dem Transfer der an den Küsten durch Windkraft erzeugten elektrischen Energie in umgekehrter Richtung. Zu berücksichtigen bei diesen Konzepten sind dabei allerdings die Leitungsverluste über lange Strecken.

Windenergie

Bei der Windenergie handelt es sich um die kinetische Energie der bewegten Luftmassen der Atmosphäre, also die kinetische Energie der Luftteilchen, welche sich mit einer Geschwindigkeit v bewegen. Eine Querschnittsfläche A senkrecht zur Windrichtung wird dabei in der Zeit t von folgender Luftmasse m durchströmt:

$$m = \rho V = \rho A v t. \tag{6.7}$$

Die kinetische Energie der Luftmasse errechnet sich dann zu:

$$E_{kin} = \frac{m}{2}v^2 = \frac{\rho}{2}Av^3 t. \tag{6.8}$$

Sie nimmt mit der dritten Potenz von v zu. Woher kommt nun der Wind?

Wind entsteht, wenn sich ein Temperaturgradient zwischen Luftmassen an unterschiedlichen Ort bildet. Für solche Temperaturunterschiede sind verschiedene Faktoren verantwortlich:

- der Einstrahlwinkel des Sonnenlichts in Abhängigkeit von der geographischen Breite
- lokale Luftverhältnisse
- die Tageszeit
- landschaftliche Gegebenheiten
- Rotation der Erde
- Stellung der Erdachse zur Ekliptik (Jahreszeit).

Die Erwärmung der Luftschichten erfolgt aber im Wesentlichen nicht durch die direkte Sonneneinstrahlung, sondern durch die Wärmestrahlung der durch die Sonne erwärmten Erdoberfläche. Das bedeutet, dass die unterschiedliche Beschaffenheit der Erdoberfläche auch für die Wärmeaufnahme und -abgabe unterschiedlich sein kann, wobei sich Wasseroberflächen wenig erwärmen. Windströmungen werden außerdem durch Strukturelemente der Erdoberfläche beeinflusst (Wälder, Gebirge, Wüste etc.).

Abbildung 6.16 zeigt den schematischen Aufbau einer Windkraftanlage. Die wichtigste Komponente ist der Rotor mit seinen Rotorblättern. Er erntet sozusagen den Wind und wandelt ihn in elektrische Energie um. Es ist offensichtlich, dass eine minimale Schwellenwindgeschwindigkeit erreicht werden muss, um den Rotor überhaupt in Bewegung zu setzen. Aber auch zu hohe Windgeschwindigkeiten ab einem Grenzwert sind aus Gründen der mechanischen Stabilität ungeeignet und führen zur Abschaltung. Ebenfalls aus Stabilitätsgründen sind die Rotoren mit drei und nicht mit vier Blättern ausgestattet. Bei vier symmetrisch angeordneten Blättern würde ein zusätzliches Drehmoment gegenüber der Rotationsachse entstehen.

Obwohl Windkraftanlagen durch die Rotation direkt Wechselspannung erzeugen, eignet sich diese wegen wechselnder und unterschiedlicher Frequenz nicht zur unmittelbaren Einspeisung ins Netz. Erst über die Zwischenschaltung einer Gleichrichter-Wechselrichter-Strecke erfolgt die Einspeisung.

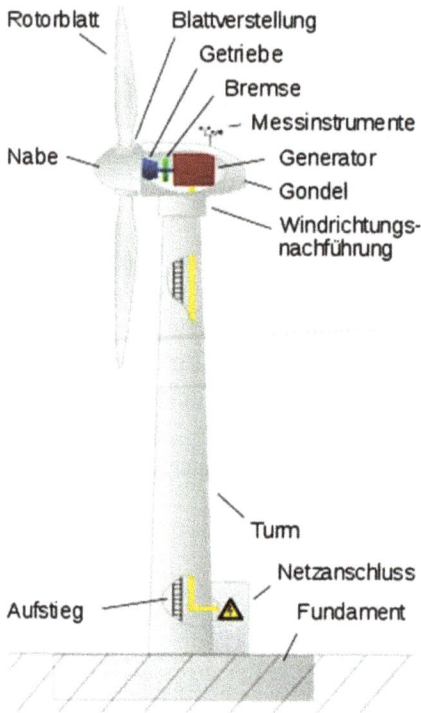

Abb. 6.16: Windkraftanlage – Schema (Urheber: Arne Nordmann (norro) – Lizenz: Creative Commons); https://netzkonstrukteur.de/wie-funktioniert-eine-windkraftanlage/.

Einen Spezialfall bilden die Offshore-Windkraftanlagen. Wegen der salzhaltigen Meeresluft und der damit verbundenen Korrosionsgefahr sind besondere Schutzmaßnahmen erforderlich. Dazu gehören korrosionsbeständige Werkstoffe und Versiegelungen bestimmter Komponenten. Bei der Statik einer solchen Anlage muss deren Schwingungsverhalten durch die Meeresströmungen berücksichtigt werden. Für Wartungszwecke sind u. U. Hubschrauberlandeplattformen einzurichten. Die erzeugte Elektrizität muss über Seekabel an die Küste transportiert werden. Abbildung 6.17 zeigt die Entwicklung der Windkraftkapazitäten in Europa zwischen den Jahren 2013 und 2022.

Biomasse

Genau genommen gehören alle Stoffe biologischen Ursprungs zur Kategorie „Biomasse" – also auch die fossilisierten! Aber diese haben wir ja bereits an anderer Stelle abgehandelt. An dieser Stelle beschränken wir uns auf die „frischen" Erzeugnisse, die in einem getrockneten Zustand verbrannt werden können und durch welche die damit verbundene Freisetzung chemischer Bindungsenergie wie in klassischen fossilen Kraftwerken mittels Wasserdampf Turbinen antreibt oder für Fernwärme genutzt wird.

New onshore and offshore wind installations in Europe

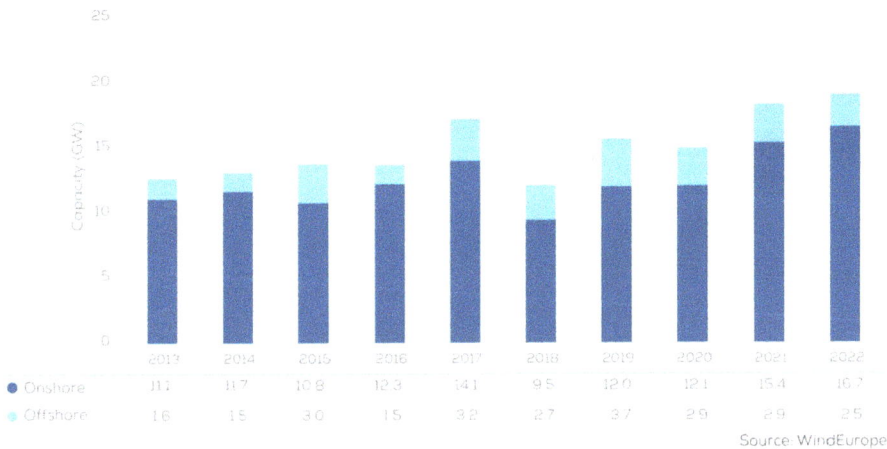

	2013	2014	2015	2016	2017	2018	2019	2020	2021	2022
● Onshore	11.1	11.7	10.8	12.3	14.1	9.5	12.0	12.1	15.4	16.7
● Offshore	1.6	1.5	3.0	1.5	3.2	2.7	3.7	2.9	2.9	2.5

Source: WindEurope

Abb. 6.17: Entwicklung der Windkraftkapazitäten von 2013 bis 2022; Quelle WindEurope.

Mit Biomasse bezeichnet man organische Stoffe wie Gemüse, Früchte und Gartenab-fälle, Gehölzschnitt, verbrauchtes Speiseöl, Dünger, Abwässer und landwirtschaftliche Erzeugnisse, ebenso Stroh, Sonnenblumenkerne und Fruchthülsen.

Man unterscheidet kleine Anlagen für den Hausgebrauch, z. B. Pelletheizungen und Großanlagen. Zu Letzteren gehören auch auf Biomasse umgerüstete ehemalige fossile Großanlagen. In diesen werden teilweise traditionelle fossile Energieträger zusammen mit Biomasse verfeuert.

Grundsätzlich ist jeder Ofen eine Biomasseverbrennungsanlage. Man unterscheidet daher Kleinstanlagen für den Haugebrauch, wie die bereits erwähnten Pelletheizungen, und größere Anlagen, die mit komplexer Feuerungs- und Beschickungstechnologie aus-gestattet sind. Abbildung 6.18 zeigt den Verarbeitungsweg von Frischholz zu Pellets.

Die gefällten Baumstämme werden entrindet, das Holz zu Chips verarbeitet. Zur Trocknung der Chips wird die Rinde als Brennstoff verwendet. Es erfolgt dann die ei-gentliche Pelletierung. Die fertigen Pellets werden zunächst auf Eisenbahnwaggons ver-laden, um dann zu einem geeigneten Seehafen befördert zu werden. Dort gelangen sie auf ein Schiff, das sie dann – in unserem Beispiel – von den USA nach Europa transpor-tiert.

Beim gesamten Verbrennungsprozess von Biomasse – einschließlich vorheriger Trocknung – wird der Energieträger zu Wasserdampf, Kohlendioxid, Stickoxiden, gerin-gen Anteilen Kohlenmonoxid, Kohlenwasserstoffen und Ruß umgesetzt. Als Rückstand verbleiben Schlacke und Asche.

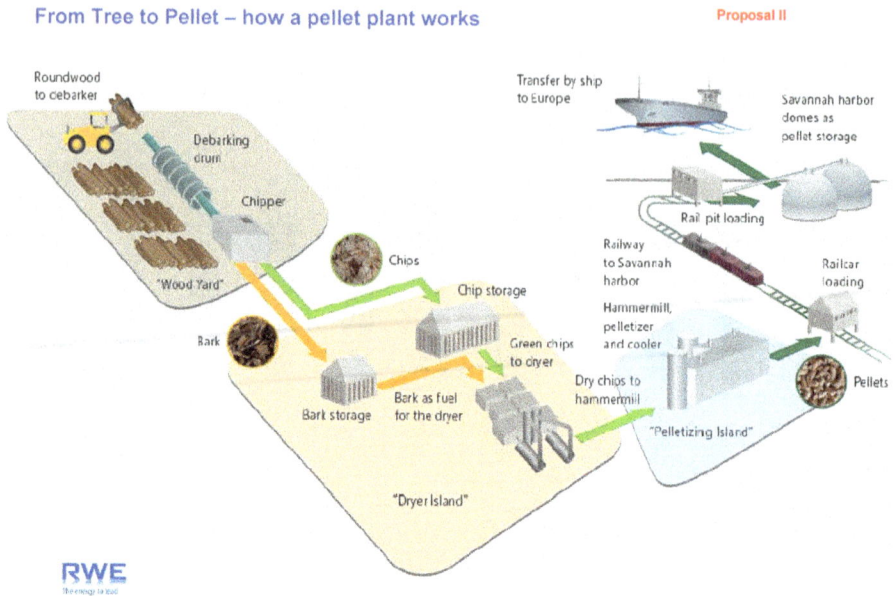

From Tree to Pellet – how a pellet plant works

Proposal II

Abb. 6.18: Vom Baum zum Pellet; Quelle: Paul Coffey, „Experiences of Innogy with Wood pellets – and Biocoal production", Essent/RWE Biomass Conference 2011.

Biogas

In Biogasanlagen werden ebenfalls organische Stoffe als Energiequelle eingesetzt. Die meisten der Primärstoffe fallen in der Landwirtschaft an. Dabei handelt es sich um Stallmist und Gülle. Es kommen aber auch Gartenabfälle und Abfallstoffe aus der Lebensmittelverarbeitung zum Einsatz. Tabelle 6.3 zeigt die Zusammensetzung von Biogas.

Tab. 6.3: Zusammensetzung von Biogas.

Methan	40–75 %
Kohlendioxid	25–55 %
Wasserdampf	0–10 %
Stickstoff	0–5 %
Sauerstoff	0–2 %
Wasserstoff	0–1 %
Ammoniak	0–1 %
Schwefelwasserstoff	0–1 %

Wie entsteht nun Biogas? Biogas kommt auch in der Natur vor und entsteht beispielsweise bei der Verwesung von Kadavern und dem Verfaulen von abgestorbenen Pflanzen, aber auch im Darm von Säugetieren. Verantwortlich dafür sind anaerobe Bakterien, die ohne Sauerstoff existieren können. In einem Misthaufen spielt sich der Vorgang wie folgt ab:

Gülle → anaerobe Bakterien bei 40° C → Methan + weitere Gase + Faulschlamm

Diesen Prozess macht man sich zunutze in einer Biogasanlage (Abb. 6.19). Unter Verwendung der bereits erwähnten organischen Abfallstoffe entsteht in Gärbehältern (Fermentern) das brennbare Biogas. Die Fermenter haben ein Fassungsvermögen von 150–500 m³. Innerhalb von wenigen Tagen tun die Bakterien ihre Arbeit unter ständigem Rühren des Fermenterinhalts bei einer Temperatur von 35–40 °C. Nach dem Vergärungsvorgang wird der Restschlamm in einem speziell dafür vorgesehenen Behälter entsorgt. Das Gas selbst wird im Folgeschritt gereinigt, entschwefelt und getrocknet. Dann steht es zur weiteren Verwendung bereit.

Abb. 6.19: Biogasanlage zur energetischen Verwertung von kommunalem Bioabfall in Sundern; Quelle: Thzorro77 – Eigenes Werk, CC BY-SA 4.0, https://commons.wikimedia.org/w/index.php?curid=95525359.

Das so gewonnene Gas lässt sich wie jedes andere brennbare Gas auch verwenden, z. B. zum Betrieb eines Motors, der wiederum einen Stromgenerator antreibt. Der so gewonnene Strom kann entweder direkt genutzt werden bei hauseigenen Anlagen oder aber ins öffentliche Verteilnetz eingespeist werden. Die anfallende Abwärme kann zur Erwärmung des Fermenters verwendet werden.

Geothermie
Erdwärme gehört zu den Energieträgern, die anscheinend auch als unerschöpflich gelten. Wir unterscheiden dabei Kleinanlagen für den Hausgebrauch und ganze Kraftwer-

ke. Eine viel besprochene Anwendung von Erdwärme ist die sogenannte Wärmepumpe (Abb. 6.20). Wärmepumpen gehören zu den oberflächennahen Systemen. In der Regel werden für Wärmepumpen nur die Erdschichten zwischen 1,2 und 100 m genutzt. Bei diesen Tiefen wird der Energiespeicher Erdreich aus Sonnenenergie (direkte Einstrahlung und Niederschläge) sowie durch Energie aus dem Erdkern gespeist.

Mithilfe einer Wärmepumpe wird Umgebungstemperatur zur Energieumwandlung genutzt. Das steht nur scheinbar im Widerspruch zum zweiten Hauptsatz der Thermodynamik, da es sich bei einer Wärmepumpe nicht um ein adiabates System handelt, sondern um sein System, dem in seinem Kreislauf Energie zugeführt wird. Die Umgebungstemperatur, die eine Wärmepumpe nutzt, kommt aus dem Erdreich. Unterhalb von etwa 10 m liegt die Bodentemperatur konstant bei etwa 10 °C bis ungefähr 50 m Tiefe. Danach steigt die Temperatur um 3 °C pro 100 m. Der Wärmpumpenkreislauf läuft folgendermaßen ab:

– Schritt 1: Verdampfen einer Flüssigkeit mit niedrigem Siedepunkt durch die Umgebungstemperatur
– Schritt 2: Verdichten des Dampfes durch mechanische Energie
– Schritt 3: Kondensation des verdichteten Gases unter Expansion; Wärme wird frei und kann genutzt werden
– weiter mit Schritt 1.

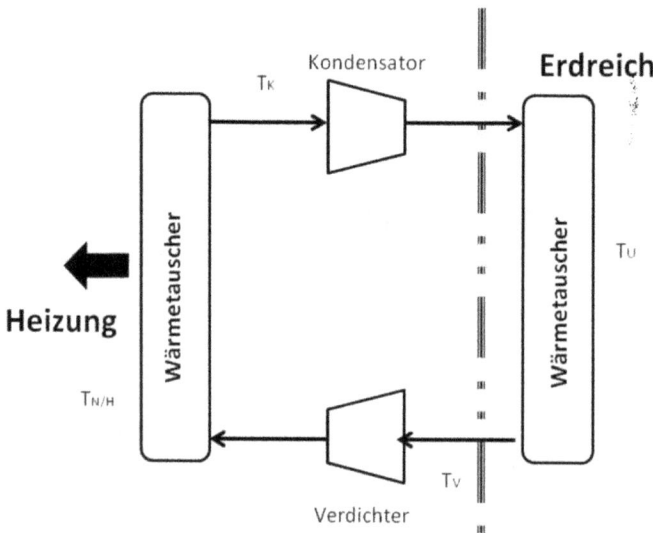

Abb. 6.20: Wärmepumpe schematisch; Legende: T_U Umgebungstemperatur, T_V Verdampfertemperatur, T_K Kondensatortemperatur, $T_{N/H}$ Nutz-/Heiztemperatur.

Wie sehen die Lösungen in der Praxis aus? Zwei Verfahren kommen infrage:
- Erdkollektoren in einer Tiefe von rund 1,2 m
- Erdsonden in bis zu 100 m Tiefe mit Durchmessern von ca. 200 mm.

Als Wärmeträger verwendet man häufig eine Sole, die aus einer Mischung von Wasser und Glykol besteht. Diese Sole füllt ein geschlossenes System aus Kunststoffrohren und wird dabei erwärmt. Es gibt allerdings auch Wasser/Wasser- und Abluft/Wasser-Wärmepumpen. Neben dem Erdreich kommt für Wärmepumpen noch als Wärmequellen Folgendes infrage:
- Grundwasser
- Umgebungsluft.

Haupteinsatzgebiete für die Nutzung von Wärmepumpen sind:
- Flächenheizung
- Warmwasserversorgung

in Einfamilien- und Mehrfamilienhäusern sowie in Kommunal- und Gewerbeobjekten.

Haben wir bisher die oberflächennahe Geothermie behandelt, so kommen wir jetzt zu den eigentlichen Erdwärmekraftwerken. Diese bedienen sich der Tiefengeothermie in Tiefen von mehr als 2000 m. Das erste Erdwärmekraftwerk in Deutschland entstand in Neustadt-Glewe in Mecklenburg-Vorpommern (Abb. 6.21).

Das Kraftwerk dient der Fernwärmeversorgung. Im Sommer wurde allerdings auch Strom erzeugt (250 kW). Die Stromerzeugung wurde aber wegen des schlechten Wirkungsgrades im Jahre 2010 stillgelegt. Die Wärmequelle ist 98 °C heißes Thermalwasser in 2000 m Tiefe. Mittlerweile sind weitere Erdwärmekraftwerke im Oberrheingraben und im bayrischen Molassebecken im Einsatz. Dieses Becken – auch als Malmkarst bezeichnet – eignet sich hervorragend für die Tiefengeothermie. Es besteht aus einer von Spalten und Rissen durchzogenen Kalksteinschicht in zwischen 2500 und 4000 m Tiefe, durch die heißes Grundwasser fließt.

Fazit

Es war ein weit gespannter Bogen, unter dem sich dieses Kapitel entwickelt hat: Obwohl einiges an früher Energienutzung sicherlich durch individuelle Entscheidungen, Initiativen und Experimente angestoßen wurde, wurde die systematische Nutzung durch mechanische Unterstützung menschlicher und tierischer Arbeit durch die jeweils herrschenden Autoritäten angeordnet. Abgesehen von der Anwendung des Feuers war die Konstruktion von z. B. Mühlen nur als Gemeinschaftswerk zu verstehen. Das akzentuierte sich mit dem Fortschreiten von Technologien und nahm gesamtgesellschaftliche Ausmaße im Zuge der industriellen Revolution an.

Abb. 6.21: Geothermiekraftwerk Neustadt-Glewe; Niteshift, Gemeinfrei, https://commons.wikimedia.org/w/index.php?curid=1513735.

Obwohl es zu manchen Zeiten – auch noch bis Mitte des 20. Jahrhunderts – so aussah, als ob sich die Versorgung und die Technik in einem eingeschwungenen Zustand befinden würden, und Verbesserungen lediglich als eine Art Feintuning zu erwarten wären, änderte sich – wiederum durch neue Technologien verursacht – diese Vorstellung, und mit dem Ausklingen des vergangenen Jahrhunderts traten massiv neue Energieumwandlungstechnologien auf den Plan, im allgemeinen Sprachgebrauch als „erneuerbare Energien" bekannt. Aber damit nicht genug: Die Zukunft hält auch weiterhin Überraschungen bereit.

7 Die Zukunft

Einleitung

Angestoßen von der Vorstellung, dass die bisherigen Energienutzungsverfahren, insbesondere durch ihre damit einhergehende Abgaserzeugung, beim beobachteten Klimawandel mitwirken bzw. gar dessen Auslöser sind, wurden wiederum neue Technologien entwickelt, die sogenannte fossile Technologien weitestgehend ersetzen sollen. Einige wichtige dieser Verfahren befinden sich noch im Erprobungs- und Experimentierstadium. Sie werden in diesem Kapitel vorgestellt. Dazu gehören:

- Wasserstofftechnologien,
- Elektromobilität,
- synthetische Kraftstoffe,

aber auch modifizierte Nutzung der Kernenergie durch:

- neue Reaktortypen,
- Kernfusion

und schließlich die Zusammenführung existierender Technologien zu intelligenten Netzen.

Wasserstoff-Technologie

„Wasserstoff ist das neue Erdöl", ist ein Slogan, der überall in den Medien zu lesen ist. Was verbirgt sich dahinter? – Erdöl war Jahrzehnte lang neben der Kohle ein Hauptenergieträger im privaten und öffentlichen Bereich. Wenn man jetzt den Vergleich mit Wasserstoff herstellt, so geht es zunächst anscheinend nur um die Vision, auch noch die letzten fossilen Energieträger durch den massiven Einsatz von Wasserstofftechnologie zu ersetzen. Ziele sind eine CO_2-freie Wirtschaft und keine politischen Abhängigkeiten von Energieträgern mehr. Ersteres wäre allerdings nur zu erreichen, wenn sowohl die Herstellung von Wasserstoff als auch der Komponenten von sämtlichen Aggregaten, Maschinenteilen und Materialien ausschließlich mit Energien aus CO_2-freien Systemen (ebenfalls CO_2-frei hergestellt) erfolgt. Letzteres bedingt die Herstellung von Wasserstoff im eigenen Lande, um unabhängig von außenpolitischen Faktoren zu bleiben.

Es hatte in Deutschland schon einmal den Großeinsatz von Wasserstoff im Mobilitätsbereich gegeben – allerdings nicht zu Antriebszwecken. Zwischen 1900 und 1937 kamen fast 120 mit Wasserstoff gefüllte Zeppeline zum Einsatz – sowohl im zivilen Bereich als auch militärisch. Die Ära endete mit der Katastrophe von Lakehurst am 6. Mai 1937, als die LZ139 „Hindenburg" bei der Landung innerhalb von Sekunden in Flammen aufging und 35 Personen starben. Seitdem wurde keine Lizenz mehr für mit Wasserstoff gefüllte Luftschiffe erteilt.

https://doi.org/10.1515/9783111152554-007

Gegenwärtige Planungen für den Einsatz von Wasserstoff umfassen:
- Brennstoffzellen für:
  - Blockheizkraftwerke
  - Notstromversorgung
  - Stromversorgung von Flugzeugen
  - Fahrzeugantriebe
- Wasserstoffverbrennungsmotor.

Wasserstoffgewinnung

Wasserstoff (Abb. 7.1) war das erste Element, das seit dem Urknall gebildet wurde, und es ist das am häufigsten in der Natur und im Kosmos vorkommende Element.

In der Natur kommt Wasserstoff mit wenigen Ausnahmen meistens in gebundener Form vor – am häufigsten in der Verbindung mit Sauerstoff: H_2O, Wasser, ansonsten auch in Kohlenwasserstoffverbindungen. Als freies Element kommt molekularer Wasserstoff in bestimmten Gegenden in der Erdkruste vor und kann durch Fracking-Technologien gewonnen werden. Entsprechend des Ausgangsproduktes hat man unterschiedliche Verfahren zur Wasserstofftrennung entwickelt, die an dieser Stelle nur genannt seien:

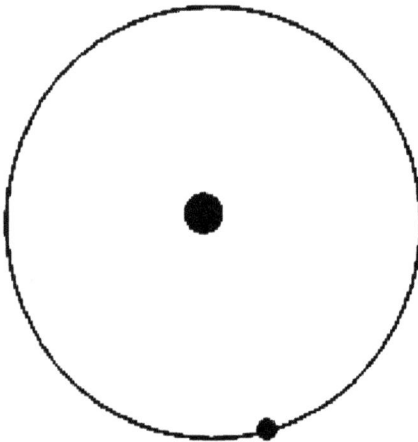

Abb. 7.1: Wasserstoff nach dem bohrschen Atommodell.

- Kohlevergasung – Ausgangsstoff: Kohle
- Dampfreformierung – Ausgangsstoff: Erdgas, Biomasse, Kohlenwasserstoffe aus Erdöl
- partielle Oxidation – Ausgangsstoff: Erdgas, schwere Kohlenwasserstoffe
- autotherme Reformierung – Ausgangsstoff: Erdgas, Benzin, Diesel

- Kværner-Verfahren – Ausgangsstoff: Kohlenwasserstoffe
- Dampfreformierung – Ausgangsstoff: Kohlehydrate
- Fermentation – Ausgangsstoff: Biomasse
- Elektrolyse – Ausgangsstoff: Wasser.

Letzteres Verfahren wollen wir uns etwas näher ansehen.

Elektrolyse

Wasser ist außer in Wüstengebieten überall auf der Welt vorhanden, und es handelt sich um eine einfache chemische Verbindung. Im Abschnitt „Elektrizität" in Kapitel 6 haben wir bereits über Elektrolyten gelesen. Zur Wasserstofferzeugung (H_2) aus Wasser unterscheidet man drei Verfahren:

- AEL-Elektrolyse mit einem alkalischen Elektrolyseur (Abb. 7.2)
- PEM-Elektrolyse mit einem sauren Elektrolyseur
- HTE-Elektrolyse mit einem Hochtemperatur-Elektrolyseur.

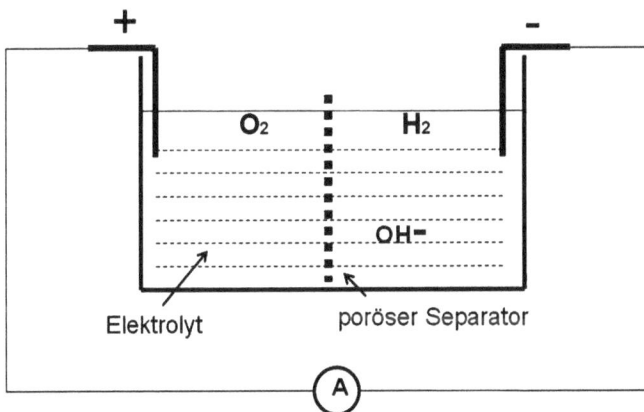

Abb. 7.2: Wasserstoffelektrolyse.

Beim AEL-Verfahren wird das Elektrolyt, z. B. Kaliumhydroxid (KOH), in Wasser gelöst. Durch die angelegte Gleichspannung bildet sich an der Kathode Wasserstoff und an der Anode Sauerstoff. Anode und Kathode sind dabei durch eine halbdurchlässige Membran getrennt. Beim PEM-Verfahren wird statt eines flüssigen Elektrolyts eine Feststoffmembran im Wasser verwendet. Das HTE-Verfahren arbeitet bei Temperaturen zwischen 100 und 900 °C. Dabei wird Wasserdampf einer Feststoff-Elektrolysezelle zugeführt, an der die Spaltung der Wassermoleküle stattfindet.

Wasserstoffgewinnung – sei es durch Elektrolyseverfahren oder andere Verfahren – ist ein Prozess der zunächst einen hohen Energieverbrauch bedingt. Bevor sämtliche

Energieumwandlungsverfahren durch z. B. eine reine Wasserstoffökonomie in Kombination mit etwa Wind- und Solarenergie umgesetzt sind, wie manche langfristigen Visionen es vorsehen, ist zu deren Realisierung zunächst ein hoher Einsatz konventioneller Energieträger erforderlich. In eine ehrliche Energiebilanz müssen dann allerdings auch sämtliche Verfahren zur Herstellung aller im Gesamtprozess eingesetzten Komponenten berücksichtigt werden – wie z. B. die Windkraftanlage zur Stromerzeugung selbst (Erzgewinnung, Verhüttung, Formbearbeitung, Transport usw.). Das Gleiche gilt für alle anderen Komponenten sinngemäß.

Wie bereits erwähnt, ist Wasser auf unserem Planeten reichlich vorhanden – nur in Wüstengebieten nicht. Eine Versorgungsstrategie basiert jedoch auf der Nutzung der Sonnenenergie im sogenannten Sun Belt – und der erstreckt sich auch auf Wüstengebiete. Dort lässt sich ganzjährig Strom, der zur Wasserstoffgewinnung eingesetzt werden kann, mithilfe von Sonnenkraftwerken erzeugen. Das Wasser zur H_2-Gewinnung findet sich an den Küsten der infrage kommenden Länder: Meerwasser. Meerwasser ist aber in seiner ursprünglichen Form nicht zur Wasserstoffgewinnung geeignet. Es muss zunächst entsalzt werden. Die Entsalzungsanlagen, die vor Ort betrieben werden sollen, basieren im Wesentlichen auf zwei unterschiedlichen Technologien:

- thermische Destillation; mehrstufige Destillation mit hohem Energieeinsatz und
- Membran basierte Druckfiltration auf Basis der Umkehrosmose.

Wasserstoffnutzung

Einmal gewonnen, stellt sich die Frage: Wie kann Wasserstoff in Wirtschaft, Industrie und im privaten Gebrauch genutzt werden, um klassische Verfahren zu ersetzen? Folgende Einsatzgebiete bieten sich an, von denen einige im Folgenden noch detailliert betrachtet werden sollen:

- Transportwesen: Bahn, Schwerlastfahrzeuge, Schifffahrt, Luftfahrt, Landwirtschaft, öffentlicher Nahverkehr
- in bisher CO_2-lastigen Produktionszweigen: Stahlindustrie, Kalk- und Zementindustrie, chemische Industrie, chemische Verfahrenstechnik
- Herstellung bestimmter Produkte: synthetische Kraftstoffe, organische Wertstoffe
- Brennstoffzellentechnologien.

Transportwesen

Das Transportwesen auf reiner Wasserstoffbasis steckt noch in den Kinderschuhen. Je nach Fahrzeugtyp muss zunächst die Frage geklärt werden: Brennstoffzelle (s. u.) oder Verbrennermotor. Die Fa. Deutz AG aus Köln hat kürzlich einen Verbrennermotor mit 220 kW Nennleistung zum Betrieb von Bau- und Landmaschinen vorgestellt. Im Bereich Köln-Bonn sind bereits 70 Wasserstoffbusse im Einsatz. Das Hauptproblem sind fehlende Tankstellen. Solange keine größere Nachfrage besteht, lohnt sich der Bau von

Wasserstofftankstellen nicht. Ein weiteres Problem ist die Versorgung von Tankstellen mit Wasserstoff. Aus wirtschaftlichen Gründen schließen sich zurzeit Pipelines aus, sodass der Transport in Tanklastwagen, die auf Diesel fahren, sichergestellt werden muss. Heute liegen die Anschaffungskosten für einen H_2-Lkw bei 550.000 EUR gegenüber einem Dieselfahrzeug von 150.000 EUR.

Brennstoffzelle

Mithilfe einer Brennstoffzelle wird Verbrennungsenergie in elektrische Energie umgewandelt. Zu den Brennstoffen gehören:
– Wasserstoff
– Erdgas
– Biogas
– Methanol
– Benzin.

Äußerlich ähnelt die galvanische Brennstoffzelle (Abb. 7.3) einer Batterie mit zwei Elektroden und einer Trennmembran zur Verhinderung des direkten Kontaktes zwischen dem Brennstoff und dem Sauerstoff. Die Verbrennung selbst erfolgt an den Elektroden. Durch die Reaktion des Brennstoffs mit dem Sauerstoff erfolgt eine Oxidation, und Energie wird freigesetzt. Bei der Oxidation von Wasserstoff entsteht H_2O. Die Oxidation selbst erfolgt bei einer einfachen Mischung von Brennstoff und Sauerstoff zunächst nicht. Erst durch den Einsatz von Edelmetall-Katalysatoren, wie z. B. Platin, in den Elektroden, zündet die Reaktion.

Die Katalysatoren lösen an einer der Elektroden freie Elektronen, die in einem geschlossenen Stromkreis zunächst einen Verbraucher passieren, um schließlich an der zweiten Elektrode zu landen. Das Ganze geschieht unter der Verrichtung von elektrischer Arbeit an dem elektrischen Verbraucher – einem Motor oder einer Beleuchtung. Nach Ankunft der Elektronen an der Zielelektrode werden sie an den Sauerstoff übertragen. Zwischen den Elektroden entsteht im Falle von H_2 als Brennstoff Wasser. Damit die Zelle kontinuierlich arbeitet, muss das Gemisch ständig nachgeliefert werden. Die nachfolgenden Beziehungen stellen die chemische Reaktion dar:

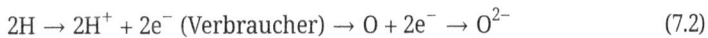

$$2H \rightarrow (2e^-) + O \rightarrow H_2O + Q \tag{7.1}$$

$$2H \rightarrow 2H^+ + 2e^- \text{ (Verbraucher)} \rightarrow O + 2e^- \rightarrow O^{2-} \tag{7.2}$$

Bei einer einzelnen Brennstoffzelle ist der Output gering. Die Spannung beträgt nicht mehr als 8 V. Für die praktische Nutzung dieser Technologie, z. B. um ein Automobil anzutreiben, müssen Hunderte von Zellen hintereinander geschaltet werden. Wie bei jedem Energieumwandlungsprozess wird die Verbrennungsenergie nicht vollständig in elektrische Energie umgesetzt. Ein Teil wird zu Abwärme Q, wodurch sich die Entropie bei diesem Prozess erhöht. Brennstoffzellen haben gegenüber herkömmlichen

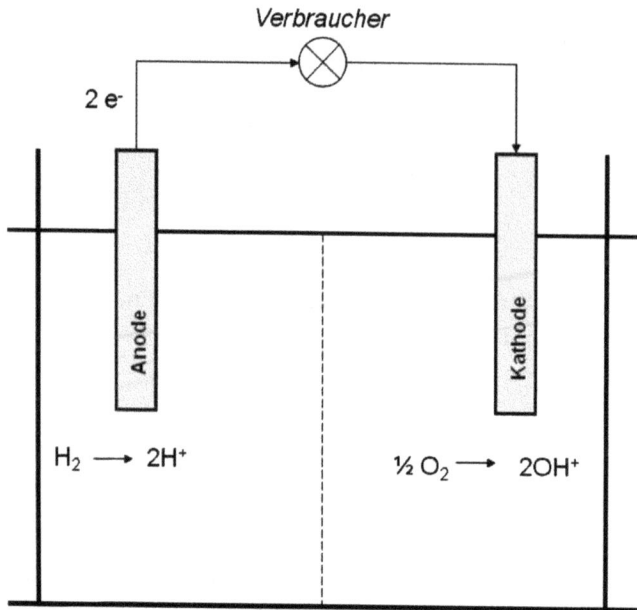

Abb. 7.3: Brennstoffzelle schematisch.

Energiesystemen eine Reihe von Vorteilen:
- hoher Wirkungsgrad (bis zu 80 %)
- kein Umwelt schädliches Reaktionsprodukt (lediglich Wasser) oder sonstige Schadstoffe
- durch Selbstverbrauch kein Batterieabfall.

Gegenwärtig wird insbesondere die Forschung an Brennstoffzellen und deren probeweiser Einsatz in der Automobilindustrie intensiv vorangetrieben, wobei das erste brennstoffzellengetriebene Auto schon im Jahre 1994 in Betrieb ging. In der Raumfahrt kam eine Brennstoffzelle bereits im Jahre 1965 in einer Gemini-Raumkapsel zum Einsatz.

Da die Handhabung von Wasserstoff aufwendig und nicht unproblematisch ist, hat man sich Gedanken gemacht, ob sich nicht auch andere Stoffe, z. B. organische Verbindungen, zum Betrieb einer Brennstoffzelle eignen. Infrage kommen bestimmte Kohlenwasserstoffe. Verwendet man Methan, so erhält man folgende Gesamtreaktion:

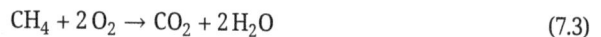

$$CH_4 + 2\,O_2 \rightarrow CO_2 + 2\,H_2O \qquad (7.3)$$

und für Methanol aus Biomasse:

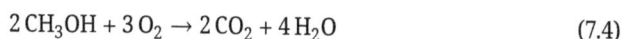

$$2\,CH_3OH + 3\,O_2 \rightarrow 2\,CO_2 + 4\,H_2O \qquad (7.4)$$

Wie man sieht wird diese Brennstoffbilanz getrübt durch die Produktion von CO_2.

Elektromobilität

Elektromobilität ist keinesfalls eine Erfindung des 21. Jahrhunderts. Schon gegen Ende des 19. Jahrhunderts rollten die ersten elektrischen Straßenbahnen – in Berlin 1881 die erste weltweit und in Peking 1899! In Deutschland leistete die Fa. Siemens Pionierarbeit. Dann kam im Jahre 1905 das erste Elektroautomobil in Berlin zum Einsatz, genannt „Elektrische Viktoria" (Abb. 7.4). Es diente als Taxi und Lieferwagen.

Elektroautos werden – wie der Name schon sagt – durch einen elektrischen Wechselstrommotor angetrieben. Daneben sind seine weiteren Hauptkomponenten:

- ein Umrichter, um den von einer Batterie gelieferten Gleichstrom in Wechselstrom umzuwandeln
- die Batterie selbst und
- ein Ladegerät für die Batterie.

Gegenüber Automobilen mit Verbrennungsmotor sind Elektroautos einfacher aufgebaut. Sie benötigen keine Kupplung und höchstens ein Ein-Gang-Getriebe. Da E-Autos schon gleich beim Anfahren ihr volles Drehmoment entwickeln, ermöglichen sie eine hohe Beschleunigung.

Abb. 7.4: Nachbau der „Elektrischen Viktoria", Siemenscity Eröffnungsfest Wien 2010; Heron.Alexandria – Eigenes Werk, CC BY 3.0, https://commons.wikimedia.org/w/index.php?curid=10705550.

Wegen ihrer hohen Energiedichte werden in Elektroautos vorzugsweise Lithium-Ionen-Batterien eingesetzt. Diese Batterien funktionieren mittels Austausch von Lithium-Ionen zwischen Anode und Kathode, wobei die Kathode aus anorganischen Metalloxiden bzw. Mischoxiden besteht, die Anode aus Graphit. Als Elektrolyt wird in einer organischen Flüssigkeit gelöstes Lithiumsalz verwendet.

Für einen massenweisen Einsatz von Elektrofahrzeugen ist eine entsprechende Ladeinfrastruktur erforderlich. Solange eine solche nicht besteht, bieten sich für größere Reichweiten Hybridfahrzeuge mit einer Kombination von Verbrennungs- und Elektromotor an. Bei Hybridfahrzeugen dient nach wie vor der Elektroantrieb zur Fortbewegung des Fahrzeugs, während der Verbrennungsmotor einen Generator antreibt, der – wie beim klassischen Verbrenner – die Batterie kontinuierlich auflädt.

Das Aufladen eines E-Autos kann entweder an öffentlichen, privat betriebenen Ladesäulen oder über eine Andockbox im eigenen privaten Umfeld erfolgen. Ladevorgänge dauern lange, meistens im Stundenbereich. An der Reduzierung von Ladezeiten wird geforscht. Dazu gibt es einige vielversprechende Ansätze:
- Gleichstrom-Schnellladestationen
- induktives Laden ohne Ladekabel und ohne Ladesäule mit direktem Anschluss ans Stromnetz.

Eine Alternative, große Reichweiten ohne zeitraubende Ladevorgänge zu überwinden, wären Swapping-Stationen, in denen leer gefahrene Batterien gegen volle ausgetauscht werden. Batterie-Swapping ist allerdings mit hohen Sicherheitsrisiken verbunden und kann nur von ausgebildeten Fachleuten vorgenommen werden.

Elektroautos kann man nicht nur zum Fahren nutzen. Sie lassen sich auch in ein intelligentes Stromnetz im Rahmen der Smart Energy Vision (s. u.) einbinden. In diesem Falle dient das Auto als Speichermedium. Wenn z. B. nicht gefahren wird, und das Netz unter Spitzenlast steht, können E-Autos ihren Strom ins Netz einspeisen.

Kernfusion

Die von Weizsäcker aus seinem Tröpfchenmodell generierte nukleare Bindungsenergiekurve (s. u.) hatte u. a. auch diese beiden Erkenntnisse gebracht:
1. Bei der Spaltung schwerer Kerne am äußeren Ende wird Bindungsenergie freigesetzt. Dieser Vorgang wird in Kernreaktoren kontrolliert genutzt.
2. Bei der Fusionierung der leichtesten Kerne am Anfang der Kurve wird Bindungsenergie freigesetzt, die erheblich höher liegt als bei der Spaltung.

Die theoretischen Voraussagen von (2.) wurden durch das Zünden der Wasserstoffbombe eindrucksvoll bestätigt. Seitdem hat man sich bemüht, die entsprechenden Reaktionen ebenfalls auf kontrollierte Weise zur Erzeugung elektrischer Energie zu nutzen –

in einem (noch zu bauenden) Fusionsreaktor. Die quasi unerschöpflichen Energiequellen, die dadurch erschlossen würden, wären sowohl weitgehend chemisch sauber, die dabei einhergehende Radioaktivität mit erheblich kürzeren Halbwertszeiten als der in konventionellen Kernkraftwerken entstehender verbunden.

Als Brennstoffe kommen sowohl Deuterium als auch Tritium infrage. Deuterium kann aus Meerwasser gewonnen werden, Tritium existiert allerdings nur in geringen Mengen, kann aber aus Lithium durch Neutronenbeschuss hergestellt werden. Dies sind die zugehörigen Fusionsgleichungen:

$$H^2 + H^3 \rightarrow He^4 + {_0}n^1 + 17 \text{ [MeV]} \tag{7.5}$$

$$H^2 + H^2 \rightarrow He^3 + {_0}n^1 + 3 \text{ [MeV]} \tag{7.6}$$

$$H^2 + He^3 \rightarrow He^4 + {_1}p^1 + 18 \text{ [MeV]} \tag{7.7}$$

Zwei Hauptforschungseinrichtungen arbeiten auf eine Lösung der kontrollierten Kernfusion hin:
- magnetischer Einschluss in Tokamak-Konfigurationen
- Stellarator basierende Technologie.

Das Tokamak-Konzept wurde zunächst in der Sowjetunion vorangetrieben, und daher rührt auch der Name. Er ist eine Verkürzung der russischen Bezeichnung für „Toroidale Kammer mit Magnetspulen".

Tokamak

Der heute bekannteste Vertreter des Tokamak-Prinzips ist das ITER-Projekt (Abb. 7.5). ITER steht für International Thermonuclear Experimental Reactor. Aber, selbst wenn dieses Projekt eines Tages erfolgreich sein sollte, würde es dennoch noch kein vollwertiger Reaktor sein, der einen Netto-Output an elektrischer Energie liefert. Das soll durch ein Folgeprojekt „DEMO" geschehen. ITER ist, wie der Name schon sagt, ein internationales Kooperationsprojekt unter Beteiligung der EU, des Vereinigten Königreichs, der Schweiz, den USA, China, Südkorea, Japan, Russland und Indien. Die Anlage befindet sich seit 2007 in Cadarache in Frankreich in Bau. Hauptziele des ITER-Experiments sind:
1. Plasmazündung
2. Erzeugung und magnetischer Einschluss eines mehr als 100 Millionen Grad heißen Plasmas über einen Zeitraum, der eine sich selbst erhaltenden Fusion ermöglicht (in bisherigen Tokamak-Maschinen ist man über eine Zeitspanne von weniger als einer halben Sekunde nicht hinausgekommen).
3. Erprobung von Strukturmaterialien, die sowohl den wärmetechnischen Bedingungen als auch dem bei der Fusion entstehenden Neutronenfluss standhalten.
4. Erbrüten von Tritium im Mantel des Reaktionsgefäßes.

Abb. 7.5: Plastisches Modell des Kernstücks von ITER; IAEA Imagebank – ITER Exhibit (01810402), CC BY-SA 2.0, https://commons.wikimedia.org/w/index.php?curid=71773681; Conleth Brady / IAEA.

Als Plasmakammer für den magnetischen Einschluss dient der Torus. Die Kapseln des Fusionsmaterials werden entweder als Eis oder als Gas eingebracht. Wie aus den Gleichungen ersichtlich, entstehen bei der Fusion α-Teilchen, die das Plasma weiter erhitzen. Die Neutronen treffen auf die Gefäßwände und werden dort abgebremst. Die Wärmeenergie, die bei der Fusion entsteht, wird über ein Kühlmedium, z. B. Helium, einem Wärmetauscher zugeführt, und von da an folgt der klassische Kreislauf der Stromerzeugung via Turbine und Generator. Zurück bleibt als Reaktionsprodukt das unschädliche Edelgas Helium. Die typische Größe eines Tokamak-Reaktors läge bei etwa 16 m Durchmesser.

Im Vergleich zu Kernspaltungsreaktoren würde die durch Neutronen verursachte Radioaktivität in den Torus-Wänden gering sein. Bereits nach 100 Jahren wäre sie bis zur Unbedenklichkeit abgeklungen, sodass extrem lange Lagerzeiten entfielen. Wegen der Versprödung des Materials müssten die Strukturmaterialien allerdings in einem Zyklus von etwa fünf Jahren ausgetauscht werden. Auch bezüglich der Betriebssicherheit sind Fusionsreaktoren gegenüber Kernspaltungsreaktoren im Vorteil. Bei Störungen bricht die Fusionsreaktion sofort zusammen, bzw. die im Torus zu jeder Zeit vorhandene Brennstoffmenge würde innerhalb einer Minute aufgebraucht und damit der

Fusionsprozess von alleine beendet werden, während bei Spaltreaktoren immer noch der gesamte Brennstoff im Reaktorgefäß vorhanden wäre.

In bisherigen Tokamak-Experimentieranlagen (mehr als 200) ist es bisher nicht gelungen, ein stabiles Fusionsplasma länger als eine halbe Sekunde aufrecht zu erhalten. Hier die wichtigsten Meilensteine für das ITER-Projekt (Abb. 7.6):

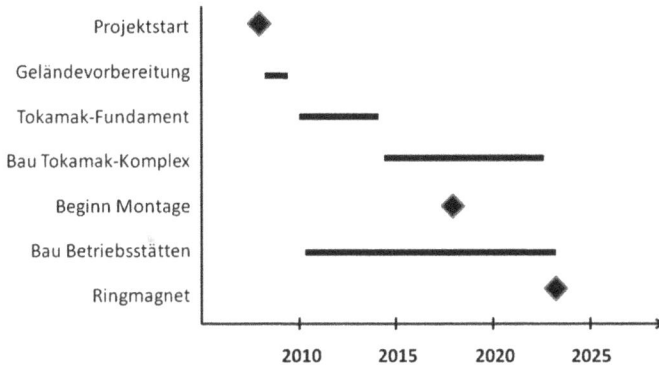

Abb. 7.6: Meilensteinplan ITER.

2006:	Ratifizierung des ITER-Projektes durch die Unterschriften der Kooperationsstaaten
2007–2009:	Geländevorbereitung
2010–2014:	Fundament für den Tokamak
2014–2023:	Bau des Tokamak-Komplexes (2018 erste Montagearbeiten)
2010–2023:	Bau der ITER-Betriebsstätte und Nebengebäude
2020:	Beginn der Maschinenmontage
2023:	Lieferung des oberen Ringmagneten der ITER-Maschine durch Russland.

Stellarator

Das Magnetfeld der Stelleratoren wird über Strom durchflossene Spulen außerhalb des Plasmagefäßes erzeugt, und nicht – wie bei den Tokamak-Anlagen – durch Stromfluss innerhalb des Plasmas selbst. Die folgenden Stellarator-Experimente sind aktuell in Betrieb:

– Wendelstein X-7, Greifswald, 2015
– Columbia Non-Neutral Torus, Columbia, USA, 2004
– Large Helical Device (LHD), Toki, Japan, 1998
– Helically Symmetric Experiment (HSX), Wisconsin, USA, 1999
– H1-NF, Canberra, Australien, 1996, 2022 demontiert und nach China geliefert
– TJ-II, Madrid, Spanien, 1997

Wendelstein X-7 des Max-Planck-Instituts für Plasmaphysik in Greifswald ist die weltweit größte Stellarator-Anlage. Die 50 supraleitenden Magnetspulen sollen Plasmaent-
ladungen von 30 Minuten Dauer bei 100 Millionen °C ermöglichen.

Im Jahre 2014 wurde der Bau abgeschlossen und ein Jahr später ein erstes Wasser-
stoff-Plasma mit Pulsdauern von 0,5 bis 6 s bei Temperaturen von 100 Millionen °C für
die Elektronen und 10 Millionen °C für die Ionen erzeugt. Die nächste Experimentier-
phase wurde Ende 2017 wieder aufgenommen. Im Februar 2023 erfolgte eine Plasma-
entladung über einen Zeitraum von 8 Minuten. Die Tabelle 7.1 gibt die wichtigsten technischen Daten wieder.

Tab. 7.1: Technische Daten Wendelstein X-7 (Quelle: Max-Planck-Institut für Plasmaphysik, Greifswald).

Technische Daten	
Großer Plasmaradius	5,5 Meter
Kleiner Plasmaradius	0,53 Meter
Magnetfeld	3 Tesla
Entladungsdauer	bis zu 30 Minuten
Plasmaheizung	14 Megawatt
Plasmavolumen	30 Kubikmeter
Plasmamenge	5–30 Milligramm
Plasmazusammensetzung	Wasserstoff, Deuterium
Plasmatemperatur	60–130 Millionen Grad
Plasmadichte	$3 \cdot 10^{20}$ Teilchen/Kubikmeter

Transmutation [25]

Ernest Rutherford

Ernest Rutherford (Abb. 7.7) wurde am 30. August 1871 in Brightwater in Neuseeland
geboren. Nach dem Besuch von Schulen in Foxhill und Havelock bis 1886 besuchte er das
Nelson College, ab 1890 das Canterbury College in Christchurch, wo er zwei Jahre später
den Bachelor of Arts und ein Jahr später den Master in Mathematik und Physik, sowie
im Jahr 1894 den Bachelor of Science erhielt. Damit wurde er zum Trinity College in
Cambridge in England zugelassen, wo er unter der Leitung von J. J. Thomson (1856–1940)
arbeitete.

Im Jahre 1898 erfolgte ein Ruf als Macdonald Forschungsprofessor der Physik an
der McGill Universität in Montreal. Bis zum Jahre 1907, als er den Langworthy Lehrstuhl für Physik an der Universität in Manchester übernahm, führten er und Frederick
Soddy (1877–1956) zahlreiche Experimente zur Erforschung der Radioaktivität durch.
Im Jahre 1903 wurden seine Verdienste durch Ernennung zum Fellow der Royal Society
und die Verleihung der Rumford Medaille 1904 gewürdigt. In Manchester erkannte er

Abb. 7.7: Ernest Rutherford.

zusammen mit Thomas Royds (1884–1955), dass es sich bei α-Teilchen um Heliumkerne handelt. Dafür erhielt er im Jahre 1908 den Nobelpreis der Chemie.

Rutherford entwickelte eine Vorläuferversion des bohrschen Atommodells. Nach Streuexperimenten mit α-Teilchen entwickelte er eine Theorie des Atomkerns. Im Jahre 1919 veröffentlichte er seine Ergebnisse über die künstliche Transmutation der Materie. Er trat die Nachfolge von J. J. Thomson als Cavendish Professor in Experimentalphysik an der Universität von Cambridge an und wurde Fellow des Trinity College. Er starb im Jahre 1937.

Induzierte Radioaktivität

Rutherford und das Ehepaar Curie hatten festgestellt, dass Substanzen, die ursprünglich nicht radioaktiv waren, radioaktive Eigenschaften annehmen konnten, wenn sie mit natürlich-radioaktiven Substanzen in Berührung kamen. Dieses Phänomen wird als „induzierte Radioaktivität" bezeichnet. Durch bestimmte kernphysikalische Reaktionen können also Ausgangsisotope in andere Isotope transmutiert werden. Um diese induzierte Radioaktivität näher zu untersuchen, führten Rutherford und Ernest Marsden (1889-1970) verschiedene Experimente durch, deren Ergebnisse im Philosophical Magazine 1919 veröffentlicht wurden. Am Ende des Artikels macht er eine Prophezeiung, deren Bedeutung ihm damals sicherlich nicht bewusst gewesen war:

Wenn man die große Bewegungsenergie des α-Teilchens, welches vom Radium ausgesandt wird, berücksichtigt, dann scheint es, als wäre der direkte Zusammenstoß solch eines Teilchens mit einem leichten Atom die Ursache für die Zerstörung des Letzteren. Die Kräfte, die durch eine solche Kollision auf Kerne wirken, müssen größer sein, als alle bisher bekannten Ursachen. (...) Die Ergebnisse lassen vermuten, dass bei Beschuss mit α-Teilchen – oder gar anderen Projektilen – mit noch größeren Energien erwartet werden kann, dass die Strukturen vieler Atome gebrochen werden können.

Existierende Verfahren

Umwandlungen von Radioaktivität sind also künstlich möglich. Diese Tatsache kann genutzt werden, um z. B. radioaktiven Abfall so zu konditionieren, dass z. B. langlebige Nuklide in solche mit kürzeren Halbwertszeiten transmutiert werden. Zum radioaktiven Abfall zählt man einerseits die Spaltprodukte aus Kernreaktoren, andererseits die minoren Actinoide, die zu den Transuranen gehören, und Abfallstoffe, die aus anderen Forschungsbereichen oder Technologien, z. B. der Medizintechnik, kommen. In eigens dafür konstruierten Anlagen lassen sich bestimmte radioaktive Abfallstoffe weiter „verbrennen" und so zur Stromerzeugung beitragen. Dazu gibt es mittlerweile eine Anzahl von Verfahren im Labormaßstab, aber auch Großprojekte, die in Planung bzw. Bau sind.

P&T-Verfahren
Zunächst müssen die infrage kommenden Radionuklide zwischengelagert werden. Dann erfolgt eine chemische Aussonderung (Partitionierung) und anschließend die Transmutation – das P&T-Verfahren. Für die Transmutation selbst gibt es drei Möglichkeiten:
-   Brutreaktoren: Transmutation als Verbrennung durch schnelle Neutronen, wobei die minoren Actinoide im Reaktorkern rezykliert werden und somit zur erneuten Energiegewinnung eingesetzt werden.
    -   Natrium gekühlter schneller Reaktor (Kühlung durch flüssiges Natrium, Uran- oder MOX-Brennelemente)
    -   Blei gekühlter schneller Reaktor (Kühlung durch flüssiges Blei)
    -   Gas gekühlter schneller Reaktor (Kühlung durch Helium; Brennelemente aus einer Pu-U-Carbid-Mischung)
    -   Salzschmelzreaktor TMSR (Thorium Molten Salt Reactor; Thorium-Fluoridsalz-Gemisch)
    -   Salzschmelzreaktor HTR (Fluoride Cooled High Temperature Reactor; Brennstoffkügelchen in Graphitblöcken)
    -   superkritischer Leichtwasserreaktor (Kühlung durch Wasser, Brennelemente aus Oxidkeramik).

– ADS-Systeme: unterkritische Reaktoren, die von Teilchenbeschleunigern getrieben werden (accelerator driven systems (ADS))
– Transmutation durch Abbremsverfahren von Spaltproduktionen [19].

Das P&T-Verfahren umfasst also:
– eine Wiederaufarbeitungsanlage zur Separation
– die Verarbeitung des Materials zu Brennelementen
– die Transmutationsanlage selbst
– die Rückgewinnung für nicht transmutierte Nuklide
– die Konditionierung von Restabfällen zur Endlagerung.

Nach den mittlerweile stillgelegten Großanlagen Phenix (Frankreich) und EUROTRANS (EURATOM), sind z. Zt. (2024) die folgenden Transmutationsanlagen in Planung, Bau und Betrieb:
– Myrrha (Multipurpose hYbrid Research Reactor for High-tech Applications): ADS-Anlage mit Schwermetall gekühltem Reaktor (EU-Projekt, Mol, Belgien, in Bau)
– BN-800: Natrium gekühlter Brutreaktor (Boloyarsk, Russland, in Betrieb seit 2015)
– ADNA: Salzschmelzreaktor (Los Alamos, USA, Konzeptphase)
– diverse ISTC (International Science and Technology Center, Moskau) – ADS-Projekte im Rahmen der Transmutation von Waffenplutonium
– SPHINX (Spent Hot Fuel Incinerator in Neutron Flux): Transmutationsprojekt eines tschechischen Konsortiums in Kooperation mit der EU und dem Kurtschatow-Institut in Russland.

Dual Fluid

Dual Fluid Energy Inc. ist ein Unternehmen in Vancouver, Canada, welches einen neuen kommerziellen Reaktortyp entwickelt hat, den es noch in diesem Jahrzehnt auf den Markt bringen möchte. Das Unternehmen beschreibt die dahinter liegende Technologie wie folgt:

> Die Innovation für den DF300 liegt in zwei Flüssigkeiten im Reaktorkern: Flüssiger Brennstoff kann so langsam wie nötig zirkulieren für einen idealen Abbrand, während flüssiges Blei als Kühlmittel so schnell wie möglich zirkulieren kann für eine optimale Wärmeabfuhr. Dies ermöglicht eine maximale Leistungsdichte, hohe Betriebstemperaturen und einen Neutronenüberschuss. Dadurch kann ein Dual-Fluid-Reaktor jedes spaltbare Material nutzen, einschließlich aufbereiteten Atommüll. Eine Kernschmelze oder eine unkontrollierte Leistungsexkursion sind physikalisch ausgeschlossen. Ein kleiner Dual-Fluid-Kern mit 300 Megawatt elektrischer Leistung (DF300) kann 500.000 Haushalte mit Strom versorgen und braucht nur alle 25 Jahre frischen Brennstoff. Kernspaltung nach dem Dual-Fluid-Prinzip ist mit vorhandenen Materialen und heutigem Wissen realisierbar. Ein DF300-Prototyp soll noch in diesem Jahrzehnt einsatzbereit sein. [20]

Mittlerweile wurde ein Dual-Fluid-Demonstrationsprojekt mit der Regierung von Ruanda unterzeichnet. Danach soll dieser Reaktor im Jahre 2026 betriebsbereit sein.

E-Fuels

Neben den bereits besprochenen Antriebstechnologien – Verbrennungsmotor auf Basis fossiler Brennstoffe, Elektromobilität und Wasserstoff-Brennstoffzelle – wird seit einiger Zeit über den Einsatz synthetischer Kraftstoffe, sogenannter E-Fuels, diskutiert. Dies ist nicht der Ort, über Klimapolitik mit entsprechender Gesetzgebung zu diskutieren, sondern die Technologie als solche vorzustellen, die genutzt werden kann oder nicht.

Was sind nun die E-Fuels?

Ganz allgemein sind E-Fuels Kraftstoffe, die nicht aus der Destillation fossiler Energieträger gewonnen, sondern synthetisch hergestellt werden. Im engeren Sinne und im aktuellem Sprachgebrauch, wird deren Herstellung ausschließlich mithilfe von sogenannten alternativen Energien betrieben. Wichtig ist dabei die CO_2-Bilanz: bei der Herstellung wird ebenso viel CO_2 gebunden, wie bei deren späterer Verbrennung wieder freigesetzt wird. Bis jetzt (2024) werden E-Fuels noch nicht in großem Maßstab produziert.

Zur Herstellung des synthetischen Kraftstoffs, der aus nachgebauten Erdölmolekülen besteht, wird durch Elektrolyse erzeugter Wasserstoff mit CO_2 aus der Atmosphäre chemisch verbunden. Aus diesem Zwischenprodukt kann schließlich auf synthetischem Wege Diesel oder Benzin hergestellt werden. Der Vorteil dieser Kraftstoffe, die entsprechend konditioniert werden können, liegt darin, dass sie in vorhandenen Kraftfahrzeugen, die noch zugelassen sind, ohne Nachrüstung eingesetzt werden können. Das gilt insbesondere für Antriebe im Luft- und Schiffsverkehr.

Smart Energy

Bei der Smart-Energy-Vision handelt es sich nicht um neuartige Energien zur Energieumwandlung, sondern um die Nutzung bereits vorhandener bzw. geplanter Energietechnologien durch Verbraucher und die Bereitstellung der Energieversorger auf effizientere Weise als bisher. Die entscheidende Voraussetzung zur Verwirklichung dieser Vision ist die Kopplung von Versorgungsnetzen mit Informationsnetzen. Dadurch erhofft man sich eine intelligente Steuerung des Energieverbrauchs.

Das Gesamtkonzept beinhaltet eine Kombination von dezentraler mit zentraler Stromerzeugung. Die dezentrale Stromerzeugung wird in Einzelhaushalten und regionalen Anlagen betrieben. Dazu kommen im Wesentlichen zum Einsatz:
- Photovoltaik
- kleinere Windkrafträder

- Blockheizkraftwerke
- Biogasanlagen.

Dabei kann es sich sowohl um die Abdeckung von Eigenbedarf als auch um die Einspeisung ins öffentliche Verteilnetz handeln.

Die zentrale Stromerzeugung wird einerseits für Industrie, Bahnverkehr und andere öffentliche Einrichtungen, andererseits zur Abdeckung von Lastspitzen im gesamten Netzverbund benötigt. Hierbei kommen die bereits besprochenen Großanlagen zum Einsatz.

Voraussetzung: Smart Meter

Eine wichtige technische Voraussetzung zur Verwirklichung der Smart-Energy-Vision besteht im kontinuierlichen Informationsverbund zwischen Verbraucher und Versorger. Die Schnittstelle für diese Kommunikation ist der intelligente Zähler oder Smart Meter (Abb. 7.8). Digitale Zähler für Strom sind seit vielen Jahren im Einsatz. Dazu gehören mechanische Zähler und Rollenzählwerke, aber auch schon Doppeltarifzähler für die Verbrauchserfassung abgegrenzter Zeitintervalle. Im Gegensatz dazu ist das Smart Meter in der Lage, mit dem Versorger bidirektional zu kommunizieren: der Kunde sen-

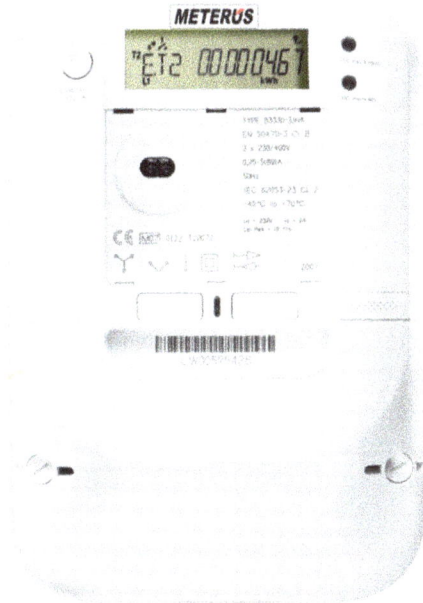

Abb. 7.8: Smart Meter; EVB Energie AG; https://commons.wikimedia.org/w/index.php?curid=5308859.

det seine Verbrauchsdaten an den Versorger, und der Versorger sendet die aktuellen Tarife an den Verbraucher. Auf diese Weise ist eine intelligente Verbrauchssteuerung möglich. Neben diesen Daten können zusätzlich Steuerbefehle verarbeitet werden. Per Gesetz dürfen seit dem 01.01.2010 nur noch Smart Meter in Neubauten eingebaut werden.

De facto agiert damit das Smart Meter als Frontend zu einem Gateway. Über diese Schnittstelle lassen sich nun alle Individualverbräuche der in einem Haushalt befindlichen Geräte erfassen und weiterleiten:
– Waschmaschine
– Heizung
– Kühlschrank
– Elektroherd
– Beleuchtung
– Fernseher etc.

Intelligentes Stromnetz

Sind diese Voraussetzungen einmal geschaffen, kann ein intelligentes Stromnetz (Smart Grid) aufgebaut werden. In einem solchen Verteilnetz sind verbunden:
– zentrale Stromerzeuger
– dezentrale Einspeiser
– Speicher
– Verbraucher.

Über intelligente Algorithmen kann nun eine Anpassung und Angleichung der Erzeugungs- und Verbrauchskurven stattfinden.

Smart Home

Der nächste Baustein zur Realisierung der Smart-Energy-Vision ist das Smart Home. Unter Smart Home versteht man die Optimierung eines Hauses oder einer Wohnung durch sogenannte Ambient Intelligence und Ubiquitous Computing. Oder, anders ausgedrückt: die Vernetzung von Sensoren, Funkmodulen und Computern, womit sämtliche Einrichtungen im Haus erfasst und über mobile Geräte gesteuert werden können. Ubiquitous Computing (Rechnerallgegenwart) soll in Zukunft durch Anwendungen auf Basis des Internet of Things (IoT) unterstützt werden.

Sorge bereitet in diesem Zusammenhang der Datenschutz. Verbrauchsdaten von Endgeräten lassen Rückschlüsse auf die Lebensgewohnheiten von Verbrauchern zu. Solche Daten sind nicht nur für Kriminelle von Interesse, sondern auch eine Fundgrube für Marketingabteilungen, sollten solche Daten nach außerhalb gelangen.

Virtuelle Kraftwerke

Eine weitere Möglichkeit, in Zukunft Stromerzeugung und -verbrauch intelligent zu steuern, besteht in der logischen Zusammenfassung einzelner Elemente im Verteilnetz zu sogenannten virtuellen Kraftwerken. Was verbirgt sich dahinter?

In einem virtuellen Kraftwerk werden mehrere kleine bis mittlere Stromerzeugungsanlagen über eine zentrale Steuerung zusammengefasst. Auf diese Weise lassen sich z. B. Photovoltaikanlagen, Biogasanlagen, Windkraftanlagen und andere Erzeuger zusammenfassen. Deren Potenzial kann dann dem Verbrauchsverhalten entsprechend gesteuert werden. Der Vorteil einer solchen Betrachtungsweise liegt in den Möglichkeiten einer temporären Kopplung, aber auch einer späteren Entkopplung und Neukonfiguration. Als letztes Integrationselement kämen dann noch die in Elektroautos vorhanden Batteriespeicher in Betracht.

Letztendlich bedeutet die Realisierung der Smart-Energy-Vision den Aufbau eines Internets der Energie. [21]

Fazit

Der menschliche Erfindungsgeist macht nicht halt. Großtechnologien, die einst die Wirtschaft dominierten, räumen ihren Platz, und an vielen Baustellen wird eine Zukunft vorbereitet, wie wir sie uns vielleicht ausmalen können, die möglicherweise aber ganz andere Dimensionen annehmen wird. An dieser Stelle ist es nicht möglich, eine Einschätzung darüber abzugeben, welche Sparte letztendlich das Rennen machen wird, ob Wasserstoff wirklich das neue Erdöl sein wird, ob die Kernfusion jemals ein Reaktorstadium erreichen wird, das auch wirtschaftlich sein wird. Ebenso ist die Rolle, die synthetische Kraftstoffe in Zukunft spielen werden, noch völlig unklar: Werden sie bestehen bleiben, wenn sich E-Mobilität langfristig durchsetzen wird, oder werden sie nur ein Übergangsszenario sein.

Kernenergie scheint auf Jahrzehnte hinaus fester Bestandteil der Energieversorgung in vielen Ländern zu sein, Smart Energy und Smart Grid leben dagegen nach wie vor als Vision weiter. Und es werden weiterhin neue Ölfelder erschlossen und Kohle gefördert. Weichenstellungen erfolgen nicht allein auf technologischer oder ökonomischer Basis, sondern häufig auch durch politische Entscheidungen.

8 Die Rolle der Energie in der modernen Physik

Einleitung

Energieversorgung, Energieumwandlung von einer Form in eine andere, die Nutzung von Energie zur Erleichterung des täglichen Lebens, ihre Anwendung in Haushalt und Industrie – all das sind greifbare und vorstellbare Eigenschaften und Einsatzgebiete, die sich durch Energiebilanzen und mithilfe relativ einfacher Mathematik physikalisch beschreiben und verstehen lassen. Gegen Ende des 19. Jahrhunderts gab es keine weiteren nennenswerten wissenschaftlichen Erkenntnisse auf diesem Gebiet. Die Industrialisierung schritt unaufhaltsam voran. Ihr Fortschritt schien nicht mehr von der Akkumulation von mehr Wissen, sondern vom Ideenreichtum einzelner Ingenieure bei der Umsetzung, z. B. der Entwicklung des Automobils, und dem Mut zu mehr oder weniger riskanten Investitionen weniger Unternehmer abzuhängen. Das physikalisch-technische Weltbild dahinter war stabil.

Um und kurz nach der Wende zum 20. Jahrhundert wurde dieses Weltbild durch zwei Erkenntnisse erschüttert: das, was wir heute als moderne Physik bezeichnen, wurde geboren. Die beiden Protagonisten, die primär dafür verantwortlich waren, waren Max Planck und Albert Einstein. Sie riefen nicht nur eine jeweils neue, revolutionäre Physik ins Leben. Auch der Begriff „Energie" gewann neue Bedeutungen und wurde zu einem zentralen Element in der weiteren wissenschaftlichen Diskussion und Forschung.

Im Gefolge von Planck wurden völlig neue Atommodelle entwickelt. Energie wurde einerseits quantisiert, andererseits der Masse von Materie gleichgesetzt. Die Interpretation von nuklearer Bindungsenergie führte letztendlich zur Freisetzung der Kernenergie, mit der sich vollständig neuartige militärische und zivile Nutzungen verbanden.

Ein weites Feld unter der Bezeichnung „Hochenergiephysik" öffnete sich, fremdartige Bausteine der Materie wurden in Laboratorien von bisher nicht gekannter Größe in Europa, den USA – ja später auf der ganzen Welt – entdeckt und führten zu einem völlig neuen Verständnis von Energie und Materie. Die Raumfahrt schließlich nutzte viele Erkenntnisse auf diesem Gebiet für ihre eigenen Zwecke.

Max Planck

Der Physiker Max Karl Ernst Ludwig Planck wurde 1858 in Kiel geboren. Er gilt als der Begründer der Quantentheorie. Er lebte mit seiner Familie bis zum Jahre 1867 in Kiel, danach nahm sein Vater einen Ruf an die Universität in München an, wo Planck die erste Lateinklasse des Maximiliansgymnasiums besuchte. Dabei kam er zum ersten Mal mit der Physik in Berührung – und zwar mit den Grundlagen der Astronomie und der Mechanik. Im Sommer 1874 bestand Planck mit 16 Jahren das Abitur als Viertbester seines Jahrgangs. Seine Interessen waren vielfältig: Naturwissenschaften, Altphilologie und Musik. Letztendlich traf er die Wahl zwischen Musik und Physik zugunsten der

https://doi.org/10.1515/9783111152554-008

Letzteren. Auch der Münchner Physikprofessor Philipp von Jolly, bei dem Planck 1874 vorsprach, war der Ansicht, dass „in dieser Wissenschaft schon fast alles erforscht sei, und es gelte, nur noch einige unbedeutende Lücken zu schließen".

Planck begann sein Physikstudium im Jahre 1874 und schrieb sich an der Ludwig-Maximilians-Universität in München ein. Planck war kein Experimentator und führte während seiner Studien lediglich einmal Untersuchungen über halbdurchlässige Wände durch. Im Jahre 1877 wechselte Planck gemeinsam mit dem angehenden Mathematiker Carl Runge (1856–1927), der ein guter Bekannter von ihm geworden war, für ein Jahr nach Berlin und studierte dort an der Friedrich-Wilhelms-Universität bei den Physikern Gustav Kirchhoff (1824–1887) und Hermann von Helmholtz. Daneben beschäftigte er sich mit der Wärmetheorie, die sein Spezialgebiet werden sollte, von Clausius.

Im Jahre 1878 bestand Planck in München das „Staatsexamen für das Lehramt an höheren Schulen" in den Fächern Mathematik und Physik. Obwohl für das Lehramt ausgebildet, war er im gleichen Jahr nur für kurze Zeit an seiner ehemaligen Schule als Vertretungslehrkraft tätig, da er eine Universitätslaufbahn anstrebte. Schon 1879 promovierte er „Über den zweiten Hauptsatz der mechanischen Wärmetheorie" mit summa cum laude. Und nur ein Jahr später habilitiert er über „Gleichgewichtszustände isotroper Körper in verschiedenen Temperaturen". So war er bereits mit 22 Jahren Hochschullehrer an der Münchener Universität. Er las über analytische Mechanik. Er erhielt noch kein Gehalt, sondern lebte immer noch auf Kosten seiner Eltern. Nachdem er 1883 einen Ruf als Professor an die Forstakademie Aschaffenburg abgelehnt hatte, berief ihn 1885 die Christian-Albrechts-Universität in Kiel als Extraordinarius für Theoretische Physik.

Ein erster Erfolg stellte sich ein, als sich Planck 1887 an einem Wettbewerb der Philosophischen Fakultät der Universität Göttingen „Über das Wesen der Energie" beteiligte. Er erhielt den zweiten Preis für seinen Beitrag „Das Princip der Erhaltung der Energie". In der Folge entschied er sich endgültig für das Fach Theoretische Physik, die damals noch als Hilfswissenschaft für die Experimentatoren angesehen wurde. 1889 folgte er einem Ruf an die Friedrich-Wilhelms-Universität nach Berlin. Dort wurde er Nachfolger von Gustav Kirchhoff und 1892 ordentlicher Professor für den Lehrstuhl der theoretischen Physik. Kurz darauf trat er der Deutschen Physikalischen Gesellschaft in Berlin bei. Außerdem wurde er 1894 im Alter von nur 35 Jahren auf Vorschlag von Helmholtz in die Preußische Akademie der Wissenschaften gewählt.

In seinen Vorlesungen behandelte Planck Mechanik, Elektromagnetismus, Optik, Thermodynamik, aber auch spezielle theoretische Probleme.

Plancks Hauptinteresse galt ab Mitte der 1890er Jahre den Strahlungsgleichgewichten und der Theorie der Wärmestrahlung – insbesondere in ihrem Verhältnis zur Thermodynamik. Am 14. Dezember 1900 schließlich hielt er vor der Physikalischen Gesellschaft seinen berühmten Vortrag, in dem er eine Formel vorschlug, die die Strahlung Schwarzer Körper erstmalig und ohne Abweichungen korrekt beschrieb. Diese Arbeit legte den Grund für eine atomistisch-wahrscheinlichkeitstheoretische Interpretation der Entropie. Damit hatte er das Tor zur Quantenphysik geöffnet, denn sein Strahlungsmodell ließ nur noch bestimmte, diskrete Energiezustände zu. Gleichzeitig postuliert er eine neue Naturkonstante, das später nach ihm benannte plancksche Wirkungsquantum.

Nachdem Einstein 1905 seine berühmte These „Zur Elektrodynamik bewegter Körper" veröffentlicht hatte, beschäftigte sich auch Planck in den Folgejahren mit der darin postulierten Speziellen Relativitätstheorie und förderte deren Verbreitung. Im Jahre 1911 fand die erste Solvay-Konferenz unter Beteiligung von Planck statt, auf der die Konsequenzen aus den neuen physikalischen Theorien erörtert wurden. Obwohl zunächst große Ratlosigkeit herrschte, gingen doch aus den Teilnehmern im Laufe der Jahre viele Forscher hervor, die maßgeblich an der Weiterentwicklung der Quantentheorie beteiligt waren. Auch Planck selbst betrachtete die Folgen aus seinen theoretischen Ergebnissen mit Argwohn und versuchte vergeblich, sie mit der klassischen Physik in Einklang zu bringen.

Plancks akademische Laufbahn ging unterdessen ununterbrochen weiter. Er wurde 1912 ständiger Sekretär der neuen Kaiser-Wilhelm-Gesellschaft zur Förderung der Wissenschaften, die später seinen Namen tragen würde. Schließlich gelang es ihm, auch Einstein, der lange gezögert hatte, 1914 nach Berlin zu holen. In jenem Jahr war Planck auch Rektor der Universität. Dem dann beginnenden ersten Weltkrieg stand er wie viele seiner Kollegen positiv gegenüber, obwohl er einen seiner Söhne bei Verdun verlor.

Nach dem verlorenen Krieg und unter der Weimarer Republik gründete er mit Fritz Haber (1868–1934) im Jahre 1920 die „Notgemeinschaft der deutschen Wissenschaft", um die notleidende Forschung zu unterstützen.

Als die Nationalsozialisten 1933 an die Macht kamen, war Planck bereits 74 Jahre alt. Wie schon im Kaiserreich, stand er dem Staate absolut loyal gegenüber. Als er aber erleben musste, wie es seinen jüdischen Kollegen und Mitarbeitern erging, kam die Ernüchterung. Er versuchte Emigrationswilligen zu helfen, so gut er konnte. Er geriet dabei selbst unter Beschuss, da seine theoretische Physik der sogenannten Deutschen Physik entgegenstehen würde, und verzichtete 1936 auf eine nochmalige Präsidentschaft für die Kaiser-Wilhelm-Gesellschaft. 1944 wurde sein Sohn Erwin (1893–1945) wegen Beteiligung am Attentat vom 20. Juli verhaftet, später zum Tode verurteilt und 1945 in Plötzensee hingerichtet.

Über die Jahre nach dem Krieg, die Planck noch verblieben, sei hier noch erwähnt, dass 1946 die Kaiser-Wilhelm-Gesellschaft auf Betreiben der Alliierten in die Max-Planck-Gesellschaft umbenannt wurde, mit ihm als Ehrenpräsidenten. Er starb 1947 nach einem Sturz und an den Folgen mehrere Schlaganfälle in Göttingen.

Die Geburtsstunde der Quantenphysik

Planck versuchte, den Begriff der Entropie mit der damals gültigen elektromagnetischen Lichttheorie zu verknüpfen und bediente sich der hertzschen harmonischen Oszillatoren, mit denen sich Emission und Absorption elektromagnetischer Wellen beschreiben ließen. Später verwendete Planck die atomistisch-wahrscheinlichkeitstheoretische Begründung der Entropie von Ludwig Boltzmann (1844–1906). Boltzmann hatte folgende Beziehung zur Beschreibung der Entropie gefunden:

$$S = k_B \ln \Omega. \tag{8.1}$$

Sie bedeutet: die Entropie S eines Makrozustandes ist proportional dem natürlichen Logarithmus der Zahl Ω der entsprechend möglichen Mikrozustände, bzw. die Entropie eines Makrozustandes ist proportional dem Maß seiner „Unordnung". Die Proportionalitätskonstante ist die Boltzmann-Konstante k_B. Sie hat den Wert:

$$k_B = 1{,}3806504(24) \cdot 10^{-23} \text{ [J/K]} = 8{,}617343(15) \cdot 10^{-5} \text{ [eV/K]}. \tag{8.2}$$

Wie ist es nun zur Quantisierung der Energie gekommen? Wie bereits erwähnt, beschäftigte sich Planck im Jahre 1900 mit dem Strahlungsverhalten eines sogenannten Schwarzen Körpers. Ein Schwarzer Körper, auch Schwarzer Strahler genannt, zeichnet sich dadurch aus, dass er sämtliche auf ihn fallende Strahlung vollständig absorbiert – unabhängig von der Wellenlänge. Darüber hinaus emittiert er kontinuierlich Strahlung mit einer von seiner eigenen Natur unabhängigen spektralen Energieverteilung. Diese Energieverteilung hängt nur von seiner absoluten Temperatur ab. Plancks wichtigste Erkenntnis in diesem Zusammenhang war die Tatsache, dass es sich bei der spektralen Energieverteilung der Emission eines Schwarzen Strahlers nicht um ein Kontinuum handelt, sondern dass sie in diskreten Frequenzen geschieht. Dabei entsprechen die emittierten Schwingungen gequantelten Energiezuständen nach folgender Gleichung:

$$E_s = ZHv \tag{8.3}$$

mit v der Frequenz, Z einer ganzen Zahl und h einer Konstanten. Diese Konstante wurde später grundlegend für die gesamte Quantenphysik – das planckschen Wirkungsquantum:

$$h = 6{,}62507 * 10^{-34} \text{ [Js]}. \tag{8.4}$$

Damit war ein erster Schritt von der klassischen Physik zur Atomphysik getan. Dabei sollte es jedoch nicht bleiben. Der nächste Folgeschritt betraf die Natur des Lichts. Bisher war die Wissenschaft immer davon ausgegangen, dass es sich bei der Strahlung um kontinuierliche Erscheinungen handelte – unabhängig von Frequenz oder Wellenlänge. Die Strahlungsoptik interessierte sich nicht dafür, welche Wechselwirkungen vielleicht im Bereich des Mikrokosmos zwischen Lichtstrahl und Linsenmaterial im Detail stattfinden. Bei der Lichterzeugung war man immer von Kugelwellen ausgegangen. Aber auf der atomaren Skala kann man bestimmte Wechselwirkungen zwischen Strahlung und Materie nur dadurch erklären, wenn man annimmt, dass selbst der Strahlung atomistische Qualitäten zugrunde liegen. Das führte zu der Erkenntnis, dass die Absorption und Emission von Strahlung in Form von Lichtquanten bzw. Photonen vor sich gehen muss. Die Energie von Photonen entspricht dabei:

$$E = h\nu. \tag{8.5}$$

Ausgehend von Plancks wichtigster Erkenntnis, dass die spektrale Energieverteilung eines Schwarzen Körpers nicht kontinuierlich erfolgt, sondern in diskreten Frequenzen, und dass emittierte Wellen quantisierten Energiezuständen entsprechen, war die unmittelbare Konsequenz eine völlig neue Sicht auf die Dinge: das Kontinuum war für immer verloren. Tatsache war: Naturereignisse können bzw. müssen sogar in diskreten Zuständen beschrieben werden. Eindeutigkeiten, wie sie bis dahin in der klassischen Physik vorherrschten, waren ebenfalls verloren und mussten durch Wahrscheinlichkeiten ersetzt werden. Im Gefolge der Quantentheorie gingen Konzepte verloren, die in der westlichen Denkweise in Wissenschaft und im täglichen Leben dominant gewesen waren.

Bohrs Atommodell

„Atom" kommt vom griechischen *atomos* und bedeutet „unteilbar". Den Begriff und seine Bedeutung hat man von den Vorsokratikern Demokrit und Leukipp übernommen. Heute weiß man, dass die Unteilbarkeit sich lediglich auf die chemische Qualität von Stoffen bezieht. Entdeckungen zu Beginn des 20. Jahrhunderts führten zu der Annahme, dass Atome eine jeweils eigene Struktur besitzen, und man sie sich nicht als eine Art Massenkügelchen vorstellen kann. Wenn man dünne Metallfolien mit energiereichen Elektronen beschießt, so durchdringen diese die Folie, ohne aufgehalten zu werden, was den Schluss nahelegt, dass Atome größtenteils aus leerem Raum bestehen. Wenn das aber so ist, muss sich die Gesamtmasse der Atome fast ausschließlich in ihrem Zentrum befinden. Das Kraftfeld in diesem Zentrum ist dann für die elektromagnetische Wechselwirkung verantwortlich.

Rutherford berechnete aufgrund von eigenen Messungen den Durchmesser des Atomkerns zu 10^{-12} bis 10^{-13} cm, den Gesamtradius des Atoms selbst zu 10^{-8} cm. Atome sind normalerweise elektrisch neutral. Aus diesem Grunde muss die Anzahl negativ geladener Elektronen, die den Kern umkreisen, gleich der Kernladungszahl Z, die als positiv angenommen wird, sein. Die Kernladungszahl entspricht ihrerseits der Ordnungszahl eines Elements im Periodischen System.

In Rutherfords Modell gibt es also einen Atomkern, der von einer Schar Elektronen in einem bestimmten Abstand umkreist wird. Die Zentrifugalkraft, die auf die umkreisenden Elektronen wirkt, muss gleich der Coulomb-Anziehungskraft sein, die zwischen den negativ geladenen Elektronen und der positiven Ladung des Kerns wirkt, damit die Elektronen auf ihrer Bahn bleiben und nicht in den Kern stürzen. Dieses Modell hat nur

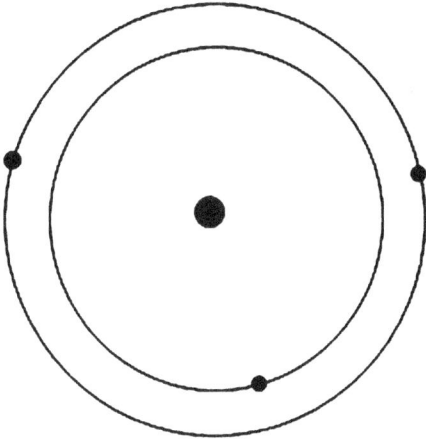

Abb. 8.1: Das bohrsche Atommodell.

einen Haken. Danach wäre ein Atom eine Art elektrischer Dipol, der auf diese Weise ständig Energie abstrahlen müsste, womit es dann keine stabilen Atome geben dürfte.

Neben den Theorien Rutherfords beschäftigten sich andere Forscher mit der Interpretation von Absorptions- und Emissionsspektren von Atomen. Diese Analysen führten letztendlich zu den Grundlagen, des von Niels Bohr (1885–1962) entwickelten Atommodells (Abb. 8.1).

Bohrs wesentliches Postulat bestand darin, dass die Tatsache stabiler Atome mit Elektronen auf Umlaufbahnen darauf zurückzuführen war, dass es präferenzielle Elektronenbahnen geben muss, die eine Umkreisung um den Kern ohne Energieverlust ermöglichten. Auf diesen Bahnen haben anscheinend die klassischen Gesetze der Elektrodynamik keine Gültigkeit. Bohr (Abb. 8.2) bezeichnete diese Bahnen als „Quantenbahnen". Dabei entsprach jede Bahn einem genauen Energiezustand E. Quantenbahnen laufen also auf unterschiedlichen Radien um den Kern, wobei Elektronen unterschiedliche Anregungszustände haben können. Die Bahn mit dem kleinsten Radius entspricht dem Zustand eines nicht-angeregten Atoms. Durch Einbringen von Anregungsenergie kann ein Elektron von seiner ursprünglichen Bahn auf eine höhere gebracht werden. Von dieser angeregten Bahn springt das Elektron nach etwa 10^{-8} s wieder auf seine ursprüngliche Bahn zurück, indem es gleichzeitig die Anregungsenergie in Form von elektromagnetischer Strahlung abgibt, die in einem Spektrum als Spektrallinie mit der Frequenz ν sichtbar wird:

$$E_a - E_c = h\nu, \tag{8.6}$$

E_a bezeichnet den Energiezustand der höheren Umlaufbahn und E_c den der niedrigeren Bahn. Als Kriterium für die erlaubten Quantenbahnen gilt im bohrschen Modell:

$$2\pi r m v = nh, \quad n = 1, 2, 3, \dots . \tag{8.7}$$

Abb. 8.2: Niels Bohr.

Später wurde dieses Modell weiterentwickelt und diente schließlich als Voraussetzung für die Quantenmechanik von Schrödinger (1887–1961) und Heisenberg (1901–1976).

Albert Einstein

Albert Einstein wurde am 14. März 1879 in Ulm geboren. Er starb am 18. April 1955 in Princeton in den USA. Obwohl seine Eltern im schwäbischen Raum alteingesessenen mittelständischen jüdischen Familien entstammten, war sein Umfeld eher assimiliert und nicht strenggläubig. Kurz nach seiner Geburt im Jahre 1880 zog die Familie wegen der Geschäfte seines Vaters nach München.

Aus seiner Kindheit und Jugend ist zu berichten, dass er eher ein Spätentwickler war. So begann er erst im Alter von etwa drei Jahren zu sprechen. Aber schon mit fünf Jahren interessierte er sich für das Violinspiel. Nach dem Besuch der Volksschule ging er ab 1888 auf das Luitpold-Gymnasium, heute als Albert-Einstein-Gymnasium bekannt. Nach der Schließung des väterlichen Geschäfts zog es die Familie 1894 nach Mailand. Ursprünglich sollte Albert zurückbleiben und sein Abitur in München machen. Aus unterschiedlichen Gründen verließ er jedoch das Gymnasium ohne Abschluss und folgte der Familie im Alter von 15 Jahren. Zwei Jahre später gab er seine deutsche Staatsbürgerschaft auf, um dem Militärdienst zu entgehen und trat auch aus seiner Synagogengemeinde aus. Durch Vermittlung eines guten Bekannten konnte Einstein die Kantonsschule in Aarau in der Schweiz besuchen, wo er 1896 die Hochschulreife mit ausgezeichneten Noten erwarb.

Wenn es nach seinem Vater gegangen wäre, hätte er Elektrotechnik studiert. Er bewarb sich aber um einen Studienplatz am Zürcher Polytechnikum. Nachdem er die Aufnahmeprüfung dort 1895 nicht bestanden hatte, erhielt er im zweiten Anlauf nach dem Abitur doch noch einen Studienplatz. Seine erste wissenschaftliche Arbeit – „Über die Untersuchung des Ätherzustandes im magnetischen Felde" – erstellte Einstein bereits mit 16 Jahren. Sie wurde nie veröffentlicht. An der Hochschule selbst war er wenig enthusiastisch, insbesondere, was die Mathematik angeht. Sein Defizit auf diesem Fachgebiet konnte er später nur dadurch ausgleichen, dass er sich auf die Hilfe anderer verlassen musste.

Einstein beendete seine Studien im Jahre 1900 mit einem Lehramtsdiplom für Mathematik und Physik. Da er an seiner Institution keine Assistentenstelle bekommen konnte, arbeitete er zunächst als Hauslehrer in Winterthur, Schaffhausen und später in Bern. 1901 erwarb er die Schweizer Staatsangehörigkeit. Dann folgte 1902 seine erste feste Anstellung: beim Schweizer Patentamt in Bern als technischer Experte 3. Klasse. Nach seiner Heirat lebte Einstein mit seiner ersten Frau bis 1905 weiterhin in Bern.

Dann kam das Jahr 1905. Im Alter von 26 Jahren erschien seine Arbeit „Über einen die Erzeugung und Verwandlung des Lichts betreffenden heuristischen Gesichtspunkt zum photoelektrischen Effekt", für die er später den Nobelpreis erhalten sollte. Im selben Jahr reichte er auch seine Dissertation über „Eine neue Bestimmung der Moleküldimensionen" ein, mit der er promovierte. Weiter ging es Schlag auf Schlag. Einen Monat nach seiner Dissertation veröffentlichte er: „Über die von der molekularkinetischen Theorie der Wärme geforderte Bewegung von in ruhenden Flüssigkeiten suspendierten Teilchen zur Brownschen Molekularbewegung". Und schließlich noch einen Monat später: „Zur Elektrodynamik bewegter Körper" in den Annalen der Physik. Der Aufsatz erschien am 26. September 1905. Schon am darauffolgenden Tag lieferte Einstein einen Nachtrag. Letzterer enthält zum ersten Mal die Formel $E = mc^2$. Der Titel des Nachtrags lautete: „Ist die Trägheit eines Körpers von seinem Energieinhalt abhängig?" Die spezielle Relativitätstheorie war damit ins Leben gerufen worden.

Carl Friedrich von Weizsäcker (1912–2007) schrieb später über dieses „Wunderjahr":

1905 eine Explosion von Genie. Vier Publikationen über verschiedene Themen, deren jede, wie man heute sagt, nobelpreiswürdig ist: die spezielle Relativitätstheorie, die Lichtquantenhypothese, die Bestätigung des molekularen Aufbaus der Materie durch die „Brownsche Bewegung", die quantentheoretische Erklärung der spezifischen Wärme fester Körper. [22]

Nach Ablehnung des ersten Habilitationsantrags 1907 an der Berner Universität wurde er dann 1909 zum Dozenten für theoretische Physik an der Universität Zürich berufen. Zwei Jahre später, im Jahre 1911, erhielt er eine einjährige Anstellung als ordentlicher Professor der theoretischen Physik an der Prager Universität. Dadurch wurde er österreichischer Staatsbürger. 1912 kehrte er an die Eidgenössische Technische Hochschule in Zürich als Professor zurück, wo er 1895 die Aufnahmeprüfung nicht bestanden hatte.

Max Planck holte Einstein 1913 nach Berlin, wo er hauptamtlich besoldetes Mitglied der Preußischen Akademie der Wissenschaften und ab 1914 Direktor des Kaiser-Wilhelm-Instituts für Physik wurde. Im Jahre 1916 konnte er als Ergebnis seiner Studien sein Hauptwerk über die allgemeine Relativitätstheorie veröffentlichen. Während seiner Zeit in Berlin kam er auch in Kontakt mit Max Wertheimer (1880–1943), dem Begründer der Gestalttheorie, für die Einstein ein besonderes Interesse entwickelte. Vielleicht haben auch die wertheimerschen Ansätze indirekt zu seiner späteren Suche nach einer allgemeinen Feldtheorie beigetragen.

Durch die experimentelle Bestätigung seiner theoretischen Vorhersage der Ablenkung des Lichts durch die Gravitation der Sonne durch Eddington (1882–1944) im Jahre 1919 wurde auch die nicht-wissenschaftliche Welt erstmalig auf Albert Einstein aufmerksam. Damit war er auf dem Wege zum Status eines Kultstars, was einem Wissenschaftler vor ihm und in der Ausprägung auch nach ihm nie zuteilgeworden ist. Hinzu kam dann 1921 der Nobelpreis für Physik „für seine Verdienste um die theoretische Physik, besonders für seine Entdeckung des Gesetzes des photoelektrischen Effekts".

Nachdem er auch eine Ehrendoktorwürde der Universität in Princeton erhalten hatte, plante er, die eine Hälfte des Jahres in Princeton, New Jersey, die andere in Berlin zu lehren. Nachdem er 1932 erneut in den USA weilte, kehrte er nach der Machtübernahme der Nationalsozialisten 1933 nicht mehr nach Deutschland zurück. Diesem Schritt folgte eine Reihe von freiwilligen Austritten aus Akademien und Gesellschaften in Deutschland und Italien, seine Aufgabe der deutschen Staatsangehörigkeit sowie die Ächtung seiner Schriften durch den deutschen Staatsapparat. Seine Kontakte zu Deutschland waren abgebrochen. Im Jahre 1940 erhielt er die amerikanische Staatsbürgerschaft.

Im Jahre 1933 wurde Einstein Mitglied des Institute for Advanced Study, einem privaten Forschungsinstitut in Princeton, der Stadt, in der er bis zu seinem Tode lebte. Seine verbleibenden Jahre als Forscher widmete er der Suche nach einer einheitlichen Feldtheorie, also damals der Vereinigung von Gravitation und Elektromagnetismus. Dieses Ziel hat er – wie nach ihm bisher auch kein anderer – nicht erreicht (neuere Versuche dazu s. [s. a. [23]]). In diese Zeit fällt auch die Entwicklung der Atombombe. Sie und die Grundlagen dazu waren nicht Einsteins Forschungsgegenstand. Er wurde allerdings von anderen Forschern überzeugt, sein Renommee in die Waagschale zu werfen und für deren beschleunigte Entwicklung beim amerikanischen Präsidenten vorstellig zu werden.

Einstein starb am 18. April 1955 im Alter von 76 Jahren in Princeton an inneren Blutungen, verursacht durch den Riss eines Aneurysmas.

Konsequenzen aus der Relativitätstheorie

Seit Menschengedenken haben sich große Geister, u. a. z. B. auch Galileo Galilei, mit dem freien Fall auseinandergesetzt. Interessant ist die Frage: Was passiert, wenn man den einfachen freien Fall in unterschiedlichen Systemen durchführt, d. h. in Systemen, die sich z. B. mit unterschiedlichen Geschwindigkeiten zueinander bewegen, wobei die Geschwindigkeiten nicht konstant sein müssen? Die zu vergleichenden Systeme können auch relativ zueinander beschleunigt werden. Im Grenzfall ist das eine System das Labor und das andere System wird durch den sich im freien Fall befindlichen Körper repräsentiert.

Die Antwort gibt das Prinzip der Allgemeinen Relativitätstheorie:

Wenn wir annehmen, dass in zwei Systemen die gleichen physikalischen Gesetze gelten, dann gibt es kein Referenzsystem für eine absolute Beschleunigung, genauso wenig wie es in der speziellen Relativitätstheorie keine absolute Geschwindigkeit gibt.

Oder umgekehrt:

Wenn physikalische Gesetze in einer Umgebung gültig sind, sind sie in einer Umgebung, die sich relativ zu jener bewegt, ebenso gültig.

Voraussetzung dafür ist die Feststellung:

In jedem beliebigen lokalen Lorentz-Referenzrahmen, überall und jederzeit im Universum, nehmen alle physikalischen Gesetze (mit Ausnahme der Gravitation) die bekannten Formen der speziellen Relativitätstheorie an.

Das hört sich ähnlich an wie Newtons Vorschlag über die Gültigkeit physikalischer Gesetze überall und zu allen Zeiten. Bevor wir uns mit den Konsequenzen dieses Prinzips auseinandersetzen, sollten wir uns noch über einige Begrifflichkeiten klar werden, die dabei nützlich sein werden. Eine davon ist die Raumzeit.

Die Raumzeit ist unserer alltäglichen Erfahrung zugänglich, und sie meint ein vierdimensionales Gebilde mit den drei Raumdimensionen Länge, Breite und Höhe sowie mit einer vierten Dimension, nämlich die Zeit.

Innerhalb dieser Raumzeit nun lassen sich alle Ereignisse in der Welt darstellen. Ein Gegenstand befindet sich immer irgendwo zu irgendeinem Zeitpunkt. Ort und Zeit reichen aus, ihn festzulegen. Die Änderung des Ortes über der Zeit wird zu einer Linie in den vier Dimensionen: eine Weltlinie. Das trifft auf einen Fußball zu, aber auch auf einen Menschen. Alles scheint festgefroren in der Raumzeit-Matrix zu sein, nichts bewegt sich mehr. Denn Bewegung ist ja schon festgehalten als Weltlinie selbst. Alles steht fest für immer. Wenn wir aber stillstehen, bewegen wir uns dennoch in der Zeit. Eine Eigenschaft dieses Kontinuums ist, dass alle vier Koordinaten gleichberechtigt sind. Das bedeutet z. B., dass sich Raum- und Zeitkoordinaten unter bestimmten Bedingungen vertauschen lassen.

Innerhalb der Raumzeit lassen sich Dinge beschreiben – z. B. der Abstand zwischen zwei Punkten. Die kürzeste Entfernung zwischen zwei Punkten nennt man eine Geodäte. Ein weiterer nützlicher Begriff ist der der Metrik. Eine Metrik misst den Abstand zwischen zwei Punkten – im Raumzeitkontinuum also zwischen zwei Ereignissen.

Es gibt also kein absolutes Bezugssystem. Dazu das Beispiel eines vom Dach fallenden Balles: Jemand steht auf dem Dach eines Hauses, und er wirft einen Ball nach unten. Klassisch würde man sagen: freier Fall, gerade Linie, kürzester Weg. Die Geodäte wäre also eine gerade Strecke. Aber so einfach ist das nicht. Es gibt noch andere Einflüsse: Erdrotation, Sonnenbewegung in der Milchstraße, Bewegung der Milchstraße selbst, von Galaxien-Clustern etc.

Ein Grund für die Komplexität der Beschreibung dieser Bewegung liegt in der Verwendung unseres euklidischen Koordinatensystems. In der Nähe der lokalen Umgebung gilt der Raum der Lorenz-Transformation. Die vier Dimensionen, die neben den drei Raumdimensionen auch noch eine zeitliche besitzen, nennt man auch Minkowski-Raum. In diesem Bereich, sagt Einstein, ist Physik einfach; kompliziert wird sie erst im globalen Raum.

Kommen wir noch einmal zurück zur Beschleunigung. Unsere Vorstellung von Beschleunigung kommt daher, dass wir fest auf dem Boden stehen, und um uns herum alle möglichen Objekte herunterfallen sehen. Dabei vergessen wir, dass wir selbst auf unserer Weltlinie gerade mit dem Boden unter uns in beschleunigter Bewegung sind. Wir messen diesen ganzen Vorgang aber im flachen Minkowski-Raum, der uns zu den bekannten Bewegungsgleichungen nötigt.

Versetzen wir uns gedanklich in ein Raumschiff, in dem außer uns noch jede Menge andere Gegenstände zu finden sind: ein Schlüsselbund, Geldstücke, Schrauben und meinetwegen auch Erbsen. Das Raumschiff jagt beschleunigt durch den Raum. Aber alle Gegenstände in ihm befinden sich in Ruhe: sie folgen einer geraden Linie. Dennoch verspüren wir selbst den Effekt der Beschleunigung – z. B., wenn wir in unseren Steuerungssitz zurückgeworfen werden. Beschleunigung ist also keine Illusion. Unter den Gesetzen der speziellen Relativitätstheorie können wir jetzt Raum und Zeit in differenzielle Segmente zerlegen und diese hintereinanderschalten. In jedem dieser Segmente gelten die Gesetze der Lorentz-Transformation. Aber wir stellen dabei auch fest, dass z. B. Zeitdehnung und Längenkontraktion sich entlang des Beschleunigungsweges ändern, da sich die Geschwindigkeit ändert. Am Ende dieser mathematischen Arbeit steht dann die Erkenntnis, dass Raum und Zeit einer Kurve folgen. Und damit sind wir im

Zuständigkeitsbereich der allgemeinen Relativität. Jetzt ist es an der Zeit, das Koordinatensystem zu wechseln.

Statt eine Kurve in einem flachen Raum für die beschleunigte Bewegung zu beschreiben, kann man auch den umgekehrten Weg gehen, und gelangt so zu einem „natürlichen" Koordinatensystem: wenn ein beschleunigter Körper sich auf einer Geodäte bewegen soll, also einer geraden Linie mit dem kürzesten Abstand zwischen zwei Punkten, dann muss der Raum, innerhalb dem dies geschieht, zwangsläufig gekrümmt sein. Bewegen wir uns nun innerhalb eines lokalen Inertialsystems frei entlang einer solchen Geodäte, so beobachten wir alle im freien Fall befindlichen Gegenstände, wie sie sich mit konstanter Geschwindigkeit bewegen.

Im globalen gekrümmten Raum sind natürlich viele Geodäten zuhause, die diesen Raum sozusagen aufspannen. Wenn wir die Beschleunigung durch die Krümmung der Raumzeit ausgeschaltet haben, haben wir gleichzeitig die Kraft aufgehoben, die über die Masse eines Körpers wirkt. Besser ausgedrückt lautet die Folgerung: Raum agiert auf Masse, indem er ihr vorschreibt, wie sie sich bewegen muss. Umgekehrt reagiert Masse auf den Raum, indem sie ihm seine Krümmung vorschreibt. Diese Regel steht für das, was wir als Ergebnis der Gravitation beobachten. Wie lässt sich nun dieser Zusammenhang mathematisch ausdrücken?

Wenn Raumzeit durch einen Tensor, den riemannschen Krümmungstensor, ausgedrückt werden kann, muss sein Äquivalent auf der anderen Seite ebenfalls ein Tensor sein.

Jedes Ereignis in der vierdimensionalen Raumzeit bringt mit sich einen sogenannten Energie-Dichte-Tensor T, der Informationen über die Dichte von Energie und Impuls enthält. Die endgültige Gleichung besagt, dass die Krümmung des Raumes proportional zu der vorhandenen Impulsenergie ist.

Das Energie-Masse-Äquivalent

Eine in der Öffentlichkeit – in den TV-Medien, in der Werbung, in der Populärliteratur – am häufigsten zitierten Gleichungen, die anscheinend angeblich jeder versteht, ist die folgende:

$$E = mc^2. \tag{8.8}$$

Sie besagt, dass Masse und Energie äquivalent sind. Diese physikalische Tatsache ist die Ursache für den Massendefekt in der Kernphysik. Gleichung (8.8) wird folgendermaßen aus den Beziehungen der Speziellen Relativitätstheorie hergeleitet:

Wir beginnen mit dem relativistischen Impuls:

$$p = m * v = m_0 * v / \sqrt{1 - (v^2/c^2)}, \tag{8.9}$$

$$\text{wobei } m = m_0 / \sqrt{1 - (v^2/c^2)}, \tag{8.10}$$

m hängt also von der Geschwindigkeit ab, m_0 sei Ruhemasse, wenn $v = 0$. Für kleine v wird diese relativistische Impulsgleichung wieder zur klassischen Newtonschen. Für kleine v kann abgekürzt werden:

$$x = v^2/c^2 \ll 1 \quad \text{sowie} \tag{8.11}$$

$$1/\sqrt{1-x} \approx 1 + (x/2). \tag{8.12}$$

Aus (8.11) und (8.12) und durch Multiplikation von (8.10) mit c^2, erhalten wir:

$$mc^2 = m_0 c^2/\sqrt{1-(v^2/c^2)} \approx m_0 c^2 * (1 + v^2/(2*c^2)) = m_0 c^2 + m_0 v^2/2. \tag{8.13}$$

Der letzte Summand in (8.13) ist bekannt als kinetische Energie. Wenn das so ist, dann müssen alle anderen Termini in der Gleichung auch Energieanteile beschreiben. Die linke Seite entspricht der relativistischen Energie. Sie ist eine Zusammensetzung aus kinetischer Energie und dem Energieäquivalentanteil einer ruhenden Masse.

In Gleichung (8.9) wird aber noch etwas ersichtlich, nämlich dass die relativistische Masse mit zunehmender Geschwindigkeit v wächst. Würde $v = c$, so würde die Masse wegen des Teilers $= 0$ unendlich groß sein: c ist somit definitiv die höchste Geschwindigkeit, die – außer für elektromagnetische Wellen – nie erreicht und nicht überboten werden kann.

Die Bindungsenergie

Welche praktischen Konsequenzen folgen nun aus der Tatsache, dass Energie und Masse ineinander umwandelbar sind? Weiter oben ist bereits mehrfach der Begriff nuklearer Bindungsenergie (im Gegensatz zu chemischer Bindungsenergie) aufgetaucht. Mit ihm wollen wir uns jetzt ein wenig auseinandersetzen. Dazu müssen wir das sogenannte Tröpfchenmodell von Carl Friedrich von Weizsäcker (Abb. 8.3) erklären. In diesem Modell wird eine Analogie des Atomkerns mit einem Flüssigkeitstropfen hergestellt. Begründet wird es einerseits mit der konstanten Dichte aller Atomkerne und andererseits (mit Ausnahme der sehr leichten Kerne), mit der konstanten Bindungsenergie je Nukleon. Die Bindungskraft der Nukleonen wirkt nur über kurze Reichweiten und praktisch nur zwischen benachbarten Nukleonen. Ähnlich wie bei den Energieniveaus der Elektronen in der Atomhülle sind auch die Nukleonen mit entsprechenden Energieniveaus an den Kern gebunden – allerdings werden diese in MeV beziffert.

Das Tröpfchenmodell von Weizsäcker gibt die Bindungsenergie je Nukleon in Abhängigkeit von der Massenzahl des Kerns wieder. Dazu werden fünf Terme berücksichtigt:

Abb. 8.3: Carl Friedrich von Weizsäcker; Bundesarchiv, B 422 Bild-0174.

(1) ein Term a_1 für die mittlere Bindungsenergie eines allseits gebundenen Nukleons,

(2) ein Term, der berücksichtigt, dass die Bindungsfestigkeit bei gleicher Protonen- und Neutronenzahl am größten ist (hierbei handelt es sich um eine Anleihe aus dem sogenannten Schalenmodell), wenn man die Coulomb-Abstoßung zwischen den Protonen vernachlässigt:

$$a_2((N-Z)/(N+Z))^2, \tag{8.14}$$

(3) ein Term in Analogie zur Oberflächenspannung, indem berücksichtigt wird, dass alle äußeren Nukleonen nur einseitig nach innen gebunden sind:

$$a_3(N+Z)^{-1/3}, \tag{8.15}$$

(4) ein Term für die elektrostatische Abstoßung:

$$a_4 Z^2/(N+Z)^{4/3}, \tag{8.16}$$

(5) und schließlich ein Term für die Tatsache, dass Kerne mit gerader Protonen- und Neutronenzahl wegen der Spinkombination der Nukleonen eine größere Bindungsenergie besitzen, Kerne mit doppelt ungerader Nukleonenzahl eine Bindungsenergie, die der Gerade-ungerade-Kombination entspricht:

$$a_5(N+Z)^{-2}. \tag{8.17}$$

a_1, a_2, a_3, a_4 und a_5 wurden empirisch ermittelt und lassen sich theoretisch nicht herleiten. Für die Bindungsenergie je Nukleon erhält man dann die berühmte Weizsäcker-Formel:

$$E\,[\text{MeV}] = 14,0 - 19,3((N - Z)/(N + Z)^2 - 13,1/(N + Z)^{1/3}$$
$$- 0,60Z^2/(N + Z)^{4/3} \pm 130/(N + Z)^2. \tag{8.18}$$

Die Weizsäcker-Kurve (Abb. 8.4) veranschaulicht auch den Massendefekt. Was verbirgt sich dahinter? Bei der Addition aller Teilchen eines Kerns müsste die Massensumme größer sein als die tatsächlich gefundene Gesamtmasse eines Kerns. Damit wäre der aus der Chemie bekannte Satz von der Erhaltung der Masse verletzt. Aus der Speziellen Relativitätstheorie ist uns jedoch die Äquivalenz zwischen Masse und Energie bekannt, sodass sich in diesem Fall der Massendefekt in der Bindungsenergie der Nukleonen wiederfindet.

Der Verlauf der Kurve zeigt auch die Abnahme der Bindungsenergie je Nukleon für immer schwerere Kerne, nachdem ein Maximum bei einer Massenzahl zwischen 50 und 70 erreicht wird. Die Spaltung eines schweren Kerns am rechten Ende der Kurve führt zu einer unsymmetrischen Zerlegung dieses Kerns in zwei leichtere Kerne mit Massenzahlen zwischen 80 und 160. Bei der Kernspaltung wird ein Teil der Bindungsenergie durch Umwandlung des Massendefekts frei. Auf der äußersten linken Seite der Kurve erkennt man bei sehr leichten Kernen eine noch erheblichere Bindungsenergiedifferenz durch die Verschmelzung zu einem schwereren Kern (Fusion). Aus diesem Grunde haben z. B. Wasserstoffbomben, die sich solcher Reaktionen bedienen, ein vielfaches höheres Energiepotenzial im Vergleich zu Kernspaltungsbomben. Die Kernfusion ist auch die Grundlage für die Energie, die von unserer Sonne abgestrahlt wird.

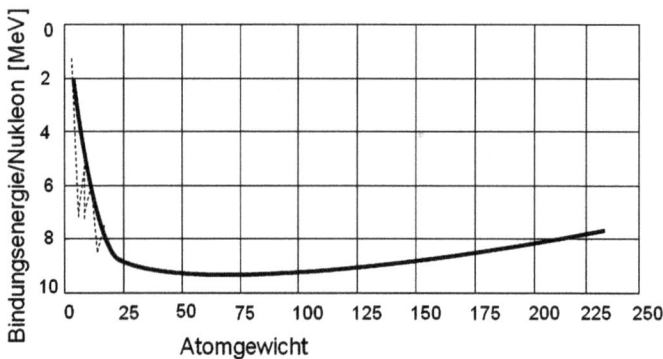

Abb. 8.4: Bindungsenergie nach dem Tröpfchenmodell.

Hochenergiephysik

Seit Beginn der 50er Jahre des vergangenen Jahrhunderts gewann der Energiebegriff eine zusätzliche Bedeutung. Ein neues Forschungsfeld mit immer größeren Forschungseinrichtungen, die von internationalen Kooperationen betrieben wurden, tat sich auf:

die Hochenergiephysik. Dieser Wissenszweig beschäftigt sich mit den Elementarteilchen, den Quarks und hat letztendlich zur Quantenchromodynamik, dem Standardmodell der Elementarteilchenphysik geführt. Neben der Theorie sind leistungsfähige „hochenergetische" Beschleunigeranlagen und komplexe Detektorensysteme ihre wichtigsten Instrumente.

Einige dieser wichtigen Institutionen, die seit vielen Jahren Hochenergiephysik und Elementarteilchenforschung betreiben, wollen wir kurz skizzieren. Zu ihnen gehören:

– CERN
– DESY
– GSI
– das Stanford Linear Accelerator Laboratory und
– FermiLab.

CERN

Die Gründung eines europäischen Großforschungszentrums wurde am 9. Dezember 1949 auf der European Cultural Conference von dem französischen Physiker Louis de Broglie (1892–1987) angeregt. De Broglie trug seine Vision, die er in Zusammenarbeit mit anderen namhaften europäischen Physikern entwickelt hatte, vor. Zunächst drehte sich alles noch um die reine Kernphysik als Grundlage für militärische Anwendungen und die friedliche Nutzung der Kernenergie.

Eine eigentliche Resolution zur Gründung eines Europäischen Rates für Kernforschung, wie die Institution genannt wurde (CERN), erfolgte 1951 auf einer Zusammenkunft der UNESCO. Der nächste Schritt wurde getan auf einer UNESCO-Zusammenkunft Ende 1951. Die endgültige Konvention von CERN erfolgte dann auf der sechsten Ratssitzung Mitte des Jahres 1953. Offiziell existierte CERN erst ab September 1954, nach der Ratifizierung aller ursprünglich 12 Mitgliedsstaaten, zu denen Belgien, Dänemark, die Bundesrepublik Deutschland, Griechenland, Italien, die Niederlande, Norwegen, Schweden, die Schweiz, das Vereinigte Königreich und Jugoslawien gehörten. Am auserwählten Standort Genf erfolgte am 6. Mai 1954 der erste Spatenstich.

Zu den wichtigsten Entdeckungen beim CERN gehören:

– Anti-Atomkerne
– Proton-Proton-Kollisionen
– Proton-Antiproton-Kollisionen
– W- und Z-Teilchen der schwachen Wechselwirkung
– Schwerionen-Kollisionen
– Antimateriefalle
– Higgs-Boson.

Das Higgs-Boson wurde mithilfe der weltweit größten Beschleunigeranlage, dem Large Hadron Collider (LHC), entdeckt (s. Abb. 8.5).

Abb. 8.5: Verlauf des LHC unter der französisch-schweizerischen Grenze.

DESY

DESY ist das Akronym für das Deutsche Elektronen-Synchrotron in der Helmholtz-Gesellschaft, eine selbstständige Stiftung bürgerlichen Rechts. Auch diese Einrichtung beschäftigt sich mit der naturwissenschaftlichen Grundlagenforschung. Es gibt zwei Standorte: in Hamburg und in Zeuthen. DESYs Mission ist:

– die Entwicklung, der Bau und der Betrieb von Teilchenbeschleunigern
– die Erforschung der Teilchenphysik selbst und speziell
– die Durchführung von Photonenexperimenten.

Durch einen Staatsvertrag vom 18. Dezember 1959 wurde DESY ins Leben gerufen. Dabei spielten Überlegungen eine Rolle, neben solchen internationalen Forschungseinrichtungen wie CERN auch in Deutschland selbst Wissenschaftlern Arbeitsmöglichkeiten für die physikalische Grundlagenforschung zu schaffen. Diese Überlegungen gingen schon auf das Jahr 1956 zurück, als deutsche Forscher beim CERN vorschlugen, neben großen Protonenbeschleunigern auch eine ähnliche Anlage für Elektronen zu bauen, woraus sich später der Name DESY ergab: **D**eutsches **E**lektronen-**Sy**nchrotron.

In Hamburg-Bahrenfeld gab es einen ehemaligen Exerzierplatz und Militärflughafen, dessen Gelände als geeignet für das Vorhaben befunden wurde. Schon vor der offiziellen Gründung ein Jahr später begannen dort bereits 1958 die ersten Bauarbeiten. Die ersten Experimente begannen dann im Jahre 1964.

DESY bezeichnet sowohl den ersten Beschleuniger dieser Gesellschaft als auch die Gesellschaft selbst. Dieser ersten Anlage folgten dann im Laufe der Jahre weitere Beschleunigersysteme, die zwar anders bezeichnet wurden, aber sich nach wie vor unter demselben rechtlichen Dach befanden. Hier die wichtigsten Experimente und Ergebnisse beim DESY:

– Bestätigung der Quantenelektrodynamik
– Erzeugung eines Anti-Protons mittels γ-Strahlung
– Masse des Top-Quarks
– Entdeckung des Gluons.

GSI

Der frühere Name bei der Gründung dieser Forschungseinrichtung im Jahre 1969 – und deshalb das Akronym – lautete: **G**esellschaft für **S**chwer**i**onenforschung (GSI), die 1969 in Darmstadt gegründet wurde. Später wurde sie in GSI Helmholtzzentrum für Schwerionenforschung GmbH umbenannt, ein Name, der auch heute noch gültig ist. Eigentümer dieses Forschungsinstituts sind:

– Bund 90 %
– Land Hessen 8 %
– Land Rheinland-Pfalz 1 %
– Freistaat Thüringen 1 %.

Wie aus der ursprünglichen Bezeichnung hervorgeht, beschäftigt sich die Einrichtung mit der Erforschung von schweren Ionen. Dabei werden natürlich leistungsfähige Teilchenbeschleuniger in Kooperationen mit internationalen Wissenschaftlern und anderen Institutionen eingesetzt. Im Laufe der Jahre wurden die folgenden superschweren Elemente synthetisiert:

– $_{107}$Nielsbohrium
– $_{109}$Meitnerium
– $_{108}$Hassium
– $_{110}$Darmstadtium
– $_{111}$Roentgenium
– $_{112}$Copernicium.

Stanford

Die Universität von Stanford in Kalifornien und die Regierung der USA schlossen im Jahre 1962 einen Vertrag mit dem Ziel, ein neues Stanford Accelerator Center unter Aufsicht des Energieministeriums zu errichten. Die Arbeiten für den Bau des längsten linearen Teilchenbeschleunigers der Welt, SLA, begannen bereits im selben Jahr (s. Abbildung 8.6).

Abb. 8.6: Bau des SLA.

Nach vier Jahren Bauzeit, im Jahre 1966, wurde der erste Elektronenstrahl generiert. Ein Jahr später begannen die ersten Experimente. Die wichtigsten Entdeckungen in Stanford bisher sind:

- Nachweis von Quarks
- J/ψ-Teilchen
- τ-Teilchen
- Charge-Parity-Verletzung.

FermiLab

Am 1. Dezember 1968 wurde der erste Spatenstich für das National Accelerator Laboratory (NAL), die ursprüngliche Bezeichnung für das spätere FermiLab, in Batavia im Staate Illinois im Fox River Valley, 30 Meilen westlich von Chicago, getan.

Der erste Protonenstrahl aus der ersten Sektion des späteren LINACs, dem Vorbeschleuniger, wurde am 17. April 1969 generiert. Er besaß die bescheidene Energie von 750 keV. Im FermiLab wurden nachgewiesen:

- Bottom Quark
- Top Quark
- τ-Neutrino.

Raumfahrt

Energiefragen spielen auch in der Raumfahrt eine wichtige Rolle. Dazu gehören die Probleme der Schwerelosigkeit und der Berechnung von kinetischer und potenzieller Energie im All und auf anderen Himmelskörpern. Die praktischen Fragen betreffen jedoch die gesamte Antriebstechnik, die die Raumfahrt erst ermöglicht. Darauf wollen wir im Folgenden einen kurzen Blick werfen.

Raketen funktionieren nach dem Rückstoß- oder auch newtonschen Reaktionsprinzip. Eine Besonderheit der Raketenphysik besteht darin, dass sich ihre Masse durch Aufbrauchen des Brennstoffs während ihres Fluges verringert. Die dazu zur Anwendung kommende Gleichung – Raketengleichung genannt – wurde unabhängig von Konstantin Eduardowitsch Ziolkowski (1857–1935) und Hermann Oberth (1894–1989) entwickelt. Sie lautet:

$$-mxg - Rxv_{\text{rel}} = mxdv/dt. \tag{8.19}$$

Hierbei handelt es sich um eine Kräftebilanz. Die veränderliche Masse mal die Erdbeschleunigung und die Brennrate R mal die relative Geschwindigkeit der Ausstoßgase (links) sind gleich der veränderlichen Masse mal der Beschleunigung (rechts).

Die Voraussetzung für einen brauchbaren Raketenantrieb ist weiterhin, dass er sowohl in der Atmosphäre als auch im Vakuum funktioniert.

Im Laufe der Entwicklung der Raumfahrt sind unterschiedliche Antriebsarten zum Einsatz gekommen bzw. in Erwägung gezogen worden. Dazu gehören:
– Feststoffraketen
– Flüssigkeitsantriebe
– Ionentriebwerke
– Photonenantrieb
– Nuklearantrieb (in der Theorie).

Feststoff- und Flüssigkeitsantriebe verfügen beide über eine Brennkammer, in der der Treibstoff gezündet wird. Am Ende der Brennkammer befindet sich eine Düse, durch die die Verbrennungsgase ausströmen und so den Schub erzeugen.

Feststoffantriebe

Bei Feststoffraketen ist der Treibstofftank gleichzeitig die Brennkammer. Der Vorteil ist, dass auf eine gesonderte Treibstoffzufuhr verzichtet werden kann; Nachteil ist, dass der Verbrennungsprozess – einmal begonnen – nicht wieder angehalten oder sonst wie reguliert werden kann. Feststoffantriebe kommen heute noch im Wesentlichen bei Boostern zur Anwendung.

Flüssigkeitsantriebe

Bei Flüssigkeitsantrieben müssen sowohl der Brennstoff als auch das Oxidationsmittel aus separaten Tanks zugeführt werden. Das führt zu einer höheren Komplexität, was die gesamte Antriebstechnik betrifft. Dieser Nachteil wird dadurch aufgewogen, dass sich diese Antriebsart regulieren lässt und an- und abgeschaltet werden kann.

Ionentriebwerke

Bei Ionentriebwerken entsteht der Schub durch die Beschleunigung von Edelgas-Ionen in einem elektrischen Feld, die danach durch eine Düse ausgestoßen werden. Die Ionisierung findet durch Elektronenbeschuss in einer Ionisationskammer statt. Ionentriebwerke eignen sich nur im schwerelosen interplanetarischen Raum und nicht im Schwerefeld der Erde.

Nuklearantrieb

Theoretische Berechnungen ergeben, dass die Leistungsdichte eines Nuklearantriebs diejenige von klassischen Antriebsarten um Größenordnungen übertrifft und deshalb ein Vielfaches des Schubs von Feststoff- und Flüssigkeitsantrieben erzeugen würde. Damit würden sich interplanetare Reisezeiten signifikant verkürzen. Zu den theoretischen Konzepten gehören:
– das Orion-Konzept (Sukzession von nuklearen Explosionen)
– Kernreaktor mit Gas als Kühlmittel, das über eine Düse den Rückstoß erzeugt
– überkritisches Kernreaktorprinzip [24].

Keines dieser Konzepte ist bisher umgesetzt worden. Ein Nuklearantrieb könnte wegen des radioaktiven Fallouts nicht in der Erdatmosphäre oder im erdnahen Raum eingesetzt, sondern erst in einiger Entfernung im All gezündet werden. Das bedeutet, dass ein solcher Antrieb erst durch konventionelle Mittel in eine sichere Position gebracht werden müsste. Ein weiteres Problem besteht in der ausreichenden Abschirmung der Astronauten, ohne die Nutzlast z. B. durch Blei oder andere Schutzmaterialien über Gebühr zu erhöhen.

Fazit

Ab dem Anfang des 20. Jahrhunderts machte der Begriff „Energie" wiederum einen Bedeutungswandel durch. Von der ursprünglichen Assoziation mit „Arbeit" blieb eigentlich nur die Dimension der physikalischen Größe übrig. Allerdings setzte sich seine eigentliche Bedeutung im Alltagsleben weiter im klassischen Sinne fort. Aber in den Welten des unendlich Großen und winzig Kleinen verlor sie ihre Anschaulichkeit.

Eine Sukzession von großen Geistern, die das Unglaubliche ihrer Schlussfolgerungen nicht scheuten, gaben der physikalischen Wirklichkeit neue Bedeutungen. An vorderster Front stehen hier Max Planck mit der Quantentheorie und Albert Einstein mit der Relativitätstheorie. Masse und Energie wurden zu zwei Seiten derselben Medaille, nukleare Bindungsenergie konnte freigesetzt werden mit ungeahnten Folgen für das menschliche Leben auf diesem Planeten. Immer größere Maschinen durchleuchteten von nun an immer kleiner werdende Bausteine der Materie, und Teilchen erschienen auf der Bildfläche, deren Bezeichnungen alleine schon ein Mysterium waren. Ganz neue Anwendungsbereiche der Energienutzung erschlossen sich in der Raumfahrt.

9 Ursprünge aller Energieformen

Einleitung

Aus Kapitel 2 und 5 wissen wir, dass der Energievorrat der gesamten Welt endlich, nicht erneuerbar und lediglich von einer Form in eine andere umwandelbar ist. Die Umwandlungsmöglichkeiten aus Primärenergien in elektrische Energie sind im Kapitel 6 besprochen worden. Zum Einsatz kommen dabei:

– fossile Brennstoffe
– Kernspaltung
– Solarenergie
– Windkraftanlagen
– Wasserkraftaustufen und Speicherkraftwerke
– Geothermie
– Biomasse und Biogas.

Keine dieser Energieformen war von Anfang an in ihrer heutigen Form verfügbar. Wie lassen sie sich also auf ihren jeweiligen Ursprung zurückführen? Letztendlich kommen wir bei der Beantwortung dieser Frage zu dem Ergebnis, dass sich alle entweder auf atom- oder kernphysikalische Prozesse zurückführen lassen. Gehen wir der Reihe nach vor.

Fossile Brennstoffe

Diese Energieträger sind das Endergebnis erdgeschichtlicher Vorgänge, die einmal mit dem Wachstum von Pflanzen begonnen haben. Pflanzen ihrerseits existieren auf Basis der Photosynthese (mit der Ausnahme einiger Schmarotzer, die aber wiederum auf andere Pflanzen, die Photosynthese betreiben, angewiesen sind). Photosynthese entsteht durch die Reaktion von Chlorophyll mit Sonnenlicht. Diese Reaktion ist ein atomphysikalischer Prozess. Das Licht, das uns die Sonne aus ihrer Photosphäre schickt, ist ebenfalls auf einen atomphysikalischen Prozess zurückzuführen: An- und Abregung von Elektronen auf ihren Schalen um den Atomkern. Die Energie, welche die Sonne dazu benötigt, kommt letztendlich aus den Kernfusionsvorgängen in ihrem Innern.

Kernenergie

Die Leistung, die ein Kernreaktor produziert, kommt über kontrollierte Kernspaltungen pro Zeiteinheit zustande, bei denen die Bindungsenergie von schweren gespaltenen Kernen als Wärme ein Kühlmittel erhitzt, das wiederum über einen Wärmetauscher Dampf zum Antrieb einer Turbine und damit eines Generators, der elektrischen Strom erzeugt, generiert. Es gibt über dieses einfache Schema hinaus unterschiedliche Ausführungen von Reaktoren, die aber an dieser Stelle nicht weiter detailliert werden sollen. Ursprünglich haben wir es bei allen Spielarten mit der Kernreaktion Spaltung zu tun.

https://doi.org/10.1515/9783111152554-009

Solarenergie

Bei Solarkraftwerken wird die Wärmestrahlung der Sonne, deren letzte Ursache das Kernfusionsgeschehen im Sonneninneren ist, genutzt. Bei Photovoltaikanlagen spielt der Photoeffekt – also ein atomarer Prozess – die entscheidende Rolle.

Geothermie

Sowohl Wärmepumpen als auch größere Erdwärmekraftwerke greifen auf die Erwärmung des Erdreichs im oberen Bereich der Erdkruste zurück. Die Temperatur des Erdreichs ist höher, als durch die Sonneneinstrahlung zu erwarten ist. Ursache dafür ist die durch den radioaktiven Zerfall instabiler Kerne im Erdinneren freiwerdende Energie, die zu dieser Erwärmung führt.

Windenergie

Auch hierbei spielt ursächlich die Sonneneinstrahlung die Hauptrolle. Durch den Ausgleich von Luftmassen unterschiedlich erwärmter Regionen der Atmosphäre entsteht die Bewegung von Luftmassen, deren kinetische Energie von Windkraftanlagen in Strom umgesetzt wird. Die unterschiedliche Erwärmung wird von verschiedenen Faktoren beeinflusst:

- Winkel der Sonneneinstrahlung in Abhängigkeit vom Breitengrad
- Durchlässigkeit der Atmosphäre
- Beschaffenheit der Erdoberfläche und ihr Reflexionsvermögen
- Tageszeit.

Die so entstehenden Strömungen unterliegen weiterhin der Corioliskraft aufgrund der Erdrotation.

Wasserkraft

Sowohl die auf Staustufen treffenden Strömungen als auch Speicherkraftwerke sind in den Wasserkreislauf der Erde eingebunden. Als einfaches Modell mag Folgendes dienen: durch die Einstrahlung der Sonne verdunstet das Oberflächenwasser, welches dann in einem komplizierten Prozess, den wir hier nicht weiter vertiefen wollen, zu Wolkenbildung führt; die Wolken entlassen unter bestimmten Bedingungen das in ihnen gespeicherte Wasser als Regen, der wieder auf die Erde zurückfällt und die Flüsse speist.

Biomasse

Bei der Biomasse gelten die gleichen Gesichtspunkte wie die bei den fossilen Brennstoffen aufgeführten: Sonnenlicht und Photosynthese – nur, dass die Energieträger vor der Verbrennung nicht durch erdgeschichtliche Vorgänge konditioniert worden sind, sondern zeitnah nach der Ernte den Öfen zugeführt werden.

Biogas

Auch beim Biogas stehen wir am Ende der Kette im Lebenszyklus organischer Substanzen, bei deren Verwesung das in Biogasanlagen frei werdende Methan als Energieträger Verwendung findet.

In der Tabelle 9.1 sind die Ursprünge aller Energieformen noch einmal zusammengefasst.

Tab. 9.1: Ursprünge aller Energieformen.

Energieträger	Primärprozess
fossile Brennstoffe	Fusion, Photoeffekt, atomarer Prozess
Kernenergie	Kernspaltung
Solarenergie	Fusion, Photoeffekt, atomarer Prozess
Geothermie	radioaktiver Zerfall
Windenergie	Fusion, Wärmestrahlung
Wasserkraft	Fusion, Wärmestrahlung
Biomasse	Fusion, Photoeffekt, atomarer Prozess
Biogas	Fusion, Photoeffekt, atomarer Prozess

Fazit

Auf anderen Wegen sind wir zu der von Robert Mayer idealisierten Vorstellung, dass letztendlich alle Energieformen auf einen ursächlichen Ursprung zurückzuführen sind, zurückgekehrt. Auch, wenn wir uns zeitlich wieder bis an den Urknall annähern; es begann alles mit einer Explosion geballter Energie auf kleinstem Raum, die Teilchen und Strahlungen zur Folge hatte. Und deren Folgeprodukte interagieren auch heute immer noch in einer Form weiter, dass wir daraus unsere Energiebedürfnisse befriedigen können und durch Umwandlung in Arbeit zum Nutzen aller anwenden.

10 Energie und Klima

Einleitung

In seinem Buch „Out of Control" berichtet Kevin Kelly, Gründungsredakteur des Computer-Kultmagazins „Wired", über die von Clair Folsome, einem Mikrobiologen auf Hawaii entwickelten geschlossenen Ökosysteme in Gläsern mit Durchmessern zwischen 10 und 20 cm. Dabei handelt es sich um eine Mischung von Mikroben, Algen und sogar einigen Krabben in Meerwasser, die in einer versiegelten Welt ohne materiellen Austausch mit einer anderen Umgebung sich selbst über mehrere Jahre lebendig erhält. Einzig das Sonnenlicht dringt über die transparenten Wände in dieses System ein. Solche „Ecosphären" kann man käuflich erwerben. Kelly besaß eine solche Mikrowelt. Sie stand auf einem Bücherregal über seinem Schreibtisch in Kalifornien, als sie durch ein Erdbeben herunterfiel und zerstört wurde.

In gewisser Weise ähneln diese in sich geschlossenen Welten unserem Ökosystem Erde, das ebenfalls – abgesehen vom kosmischen Staub – keinerlei materiellen Austausch nach außen hat und lediglich von Sonnenlicht angestrahlt wird. Leben auf der Erde erhält sich in komplexen Kreisläufen selbst – es sei denn, diese Kreisläufe würden gestört oder massiv verändert. Manche Menschen befürchten, dass eine solche Gefahr durch klimatische Veränderungen besteht.

Ausgangslage

Kurzfristige Wahrnehmungen und Vergleiche mit Vergangenheitsdaten zeigen, dass das globale Klima sich verändert. Modellrechnungen deuten an, dass sich diese Veränderungen unter gleichbleibenden Bedingungen in Zukunft noch akzentuieren werden. Unterschieden wird zwischen natürlichen Zyklen des Klimawandels und Ursachen, die auf menschliche Aktivitäten z. B. durch bestimmte Arten der Energieverwertung zurückzuführen sind. An dieser Stelle soll auf eine quantitative Gewichtung verzichtet werden. Unsere Grundannahme für die folgenden Überlegungen lautet also: Es gibt einen Klimawandel, der potenziell schädlich für das Leben auf der Erde sein kann.

Was ist zu tun? – es gibt drei Optionen:
- Option 1: Nichts tun und abwarten
- Option 2: Maßnahmen zur Reduzierung von z. B. Treibhausgasen weiterführen, ggf. beschleunigen
- Option 3: Pro-aktive Eingriffe in die Klimadynamik durchführen

Alle drei Optionen bergen Chancen und Risiken und müssen mit Blick auf zu definierende Ziele analysiert werden. Die Optionen 1 und 2 werden in der Öffentlichkeit breit diskutiert und hier nicht weiter verfolgt. Die folgenden Ausführungen beziehen sich auf Option 3.

https://doi.org/10.1515/9783111152554-010

Technologien des Climate Engineering (CE)

Es werden grundsätzlich zwei Ansätze unterschieden:
- Carbon Dioxide Removal (CDR)
- Radiation Management.

CDR hat zum Ziel, CO_2 durch biologische, chemische und physikalische Prozesse aus der Atmosphäre zu entfernen und z. B. in Ozeane oder in der Erdkruste auszulagern. Diese Technologien sollen dazu dienen, den Klimawandel zu stoppen. Sie ermöglichen jedoch keine schnelle Absenkung der globalen Durchschnittstemperatur. CDR-Technologien können Rückkopplungseffekte auf biologische Kreisläufe und unvorhersehbare meteorologische Nebeneffekte haben.

RM soll den Klimawandel kompensieren, indem das kurzwellige Sonnenlicht reduziert und dessen Reflexion durch die Erdoberfläche und damit die langwellige thermische Abstrahlung erhöht wird. Beide Verfahren werden weiter unten im Detail erläutert. RM-Technologien greifen in die Strahlungsbilanz ein; die Rückkopplung des Erdsystems dazu ist unbekannt, ebenso die Auswirkungen auf die Biosphäre. Dieser Ansatz würde eine rasche Absenkung der globalen Temperatur verursachen, ist aber nicht effektiv zur Änderung von Niederschlagsmustern, und müsste aus Nachhaltigkeitsgründen über lange Zeiträume fortgeführt werden.

Es gibt eine Reihe von Argumenten für den Einsatz von CE – darunter:
- CE-Technologien sind effizienter als Emissionskontrolle
- Klimaziele sind ohne CE nicht erreichbar
- Notfalloptionen bei katastrophalem Klimawandel.

Einige Argumente dagegen lauten:
- Bedenken der Wirksamkeit
- mangelnde ökonomische Effizienz
- hohe Risiken von unerwünschten Nebenwirkungen
- ethische Bedenken.

Stand der Forschung

Betrachtet werden Stoff- und Energieströme. Je großkalibriger der Einsatz der Technologie ist, desto sensibler reagieren die natürlichen Kreisläufe. Die Komplexität des Erdsystems erlaubt keine detaillierten Aussagen auf regionaler Ebene über Wirkungen und Nebenwirkungen. Risikofreies CE ist nicht möglich (das trifft bereits heute auf Folgen eines anthropogenen Klimawandels zu). Um die Wirkungen der Maßnahmen evaluieren zu können, sind großflächige Versuche über lange Zeiträume (bis zu Jahrzehnten) mit einem groß angelegten Monitoring erforderlich, um zwischen natürlichen und künstlichen Wirkungen differenzieren zu können.

Internationalisierung

All diese Maßnahmen sind grenzüberschreitend, weshalb völkerrechtliche Aspekte relevant wären. Es gibt bisher keine Normen, die das regeln würden – nicht einmal eine verbindliche Definition, was CE eigentlich ist. Da aber eine internationale Koordination unabdingbar wäre, müssten zunächst entsprechende Verträge abgeschlossen werden.

Klimawaffe

Wie sollte es anders sein: Kaum denken einige Menschen über mögliche positive Wirkungen von CE nach, gibt es andere, die über einen möglichen Einsatz dieser Technologien als Kriegswaffe spekulieren. Dazu gibt es auch eine Untersuchung der Bundeswehr. Diese kommt zu folgenden Ergebnissen:
–   Ein Einsatz von CE-Technologien als Waffe ist nicht völlig unwahrscheinlich, z. B. für Wettermodifikationen.
–   Der militärische Nutzen ist aber eher unwahrscheinlich.
–   Eine regionale Begrenzung ist schwer möglich.
–   Die politischen Kosten wären hoch.
–   Der Einsatz wäre völkerrechtswidrig.
–   Höchstens irrationale nicht-staatliche Kräfte kämen als Akteure infrage.

Kosten

Der heutige Wissensstand bzgl. der Kosten ist rudimentär. Die Schätzungen beschränken sich lediglich auf die Betriebskosten einzelner Technologien. Aufwendungen für Forschungen sind nicht bekannt. Kosten für Maßnahmen zur Kompensation von Nebenwirkungen sind nicht abschätzbar, und die gesamtwirtschaftlichen Effekte über längere Zeiträume sind noch nicht absehbar.

Es bleibt also die Frage: Emissionskontrolle oder CE oder beides? Auch hier gehen die Meinungen auseinander. Einige Experten sind der Ansicht, dass mit CE die Emissionskontrolle zurückgehen wird. Das Argument sind Kosten (Emissionskontrolle teurer als CE-Maßnahmen). Wegen der Kostenunsicherheit bleibt das im Bereich der Spekulation.

Irreversibilität

Fernerhin wird behauptet, dass bei gleitendem Ausstieg aus CE-Szenarien kein nennenswerter Schaden zurückbliebe. Dem gegenüber wird argumentiert, dass jeder Eingriff in das Erdsystem irreversibel sei. Das könne in bestimmten Fällen zu Katastrophen führen, die irreparabel und schwerwiegender als der bisherige Klimawandel seien.

Die Maßnahmen im Einzelnen

Die Erde ist ein in sich geschlossenes Ökosystem, in das lediglich kurzwelliges Sonnenlicht F_k einstrahlt und als langwellige Strahlung F_l reflektiert wird. Der Betrag der einfallenden Strahlung wird durch die Solarkonstante S = 1370 W/m^2 ausgedrückt, die Reflektion durch die Albedo. Letztere beträgt etwa 30 % für das gesamte Erdsystem. Der kurzwellige Strahlungsfluss berechnet sich zu:

$$F_k = S(1 - A). \tag{10.1}$$

Ist $F_k = F_l$, so herrscht Gleichgewicht.

Im Rahmen von RM wird über zwei Ansätze nachgedacht. Der eine betrifft Möglichkeiten, die Solarkonstante, d. h. die Quantität der auf die Erde einfallenden Sonnenstrahlung zu beeinflussen, der andere die Abstrahlung zu erhöhen, u. a. durch die Erhöhung der Albedo. Demnach unterscheidet man zwischen Solar Radiation Management (SRM) und Thermal Radiation Management (TRM).

Weitere Maßnahmen betreffen die Entnahme von CO_2 aus der Atmosphäre: Carbon Dioxide Removal (CDR).

Solar Radiation Management

Zu den Ideen für das SRM gehören beispielsweise die Platzierung von einigen Millionen Spiegeln am Lagrange-Punkt zwischen der Sonne und der Erde. Am Lagrange-Punkt heben sich die Schwerefelder von der Erde und der Sonne auf. Er liegt etwa 1,6 Mio. km von der Erde entfernt. Durch diese Maßnahme würde eine spiegelnde Wolke entstehen, die das Sonnenlicht zurückwerfen würde, bevor es auf die Erde gelangte.

Andere Möglichkeiten bestünden darin, die Erde in Erdnähe abzuschirmen, beispielsweise durch reflektierende Schirme in der Erdumlaufbahn oder durch eine Wolke von Feinstaub, die um die gesamte Erde verteilt wäre. Für die letztere Maßnahme würde man das Äquivalent der Masse eines mittleren Asteroiden benötigen.

Thermal Radiation Management

Hierbei geht es um die Erhöhung der Albedo, und dafür bieten sich zwei mögliche Maßnahmenpakete an:
- gezielte Oberflächenveränderungen
- Modifikationen innerhalb der Atmosphäre.

Oberflächenveränderungen

Denkbar wären zum einen die Veränderung der landwirtschaftlich genutzten Flächen, z. B. durch Anpflanzungen von Pflanzen mit höherem Blattglanz, zum anderen die Verwendung von Baumaterialien mit höherer Albedo und spiegelnden Oberflächen in den Besiedlungsgebieten und Städten.

Modifikationen innerhalb der Atmosphäre

Zu den vorgeschlagenen Maßnahmen gehören:
–   Erhöhung der Albedo mittels reflektierender Staubpartikel durch Einbringen von Schwefeldioxid in die Stratosphäre
–   Modifikation mariner Schichtwolken, die niedrig über den Ozeanen lagern, durch Versprühen von Seewasser, um die Seesalzkonzentrationskerne für Wassertröpfchen zu erhöhen
–   Modifikation von Zirruswolken durch Einsäen von Eiskernen aus Flugzeugen.

CDR: Entfernung von CO_2

Hier bieten sich mehrere Verfahren an. Dazu gehören die Beschleunigung der physikalischen, physikochemischen und biologischen Kohlenstoffpumpen, künstliche Verwitterungsprozesse und eine erhöhte Bindung von Kohlenstoff – im Einzelnen:
–   Verstärkung der ozeanischen CO_2-Senken durch Modifikation absinkender Meeresströmungen in die Tiefsee
–   Verstärkung der Löslichkeit von CO_2 in Wasser durch Einbringen von Staub aus Kalkmineralien in die Meere, um die Alkalinität zu erhöhen
–   Erhöhung der Bakterien- und Algenmassen zur Steigerung der globalen Photosynthese
–   Einbringung von Eisen und Stickstoff, um das Planktonwachstum zu erhöhen.

Die Kohlesäureverwitterung spielt auf geologischen Zeitskalen als CO_2-Senke als Rolle. Diese Silikatverwitterung könnte durch Einbringen von Olivinpulver in einer Menge, die der Weltkohleproduktion entspricht, in tropische Wälder oder Küstengewässer beschleunigt werden. Alternativ könnte Salzsäure aus dem Meer entnommen werden, um dadurch an Land die Verwitterung zu beschleunigen.
   Für eine erhöhte Kohlenstoffbindung bieten sich an:
–   Pyrolyse zu Holzkohle und das
–   Air Capture Verfahren.

Negative Auswirkungen

Es gibt eine Reihe von negativen Nebeneffekten, die spezifisch sind für die jeweiligen Methoden, die zum Einsatz kommen. Z. B. ist die Veränderung landwirtschaftlichen Kulturlandes mit herkömmlichen Nutzpflanzen nicht möglich. Weitet man unfruchtbare Flächen aus, wird die Biodiversität gefährdet. Oder: durch Einbringen von Schwefeldioxid in die Stratosphäre entstehen Schwefelsäuretröpfchen, und so könnte sich die Stratosphäre erwärmen, wobei die Azidität von Niederschlägen mit negativen Folgen für den globalen Wasserkreislauf erhöht wird. Andere Maßnahmen beeinflussen die gesamte Nahrungskette bis hin zu den Säugetieren und erhöhen die Anzahl toxischer Mikroorganismen. Als weitere Nebeneffekte wären zu nennen:
- Abkühlung der Tropen
- Erwärmung des Meerwassers
- Beeinflussung des gesamten Energiehaushalts der Erde
- Meeresversauerung
- Beeinträchtigung von Landwirtschaft und Fischerei.

Zu beachten ist außerdem, dass die Kombination von unterschiedlichen CE-Maßnahmen zu Kompensationen, gegenläufigen Effekten oder Übersteuerung führen kann. Climate-Engineering-Maßnahmen sind irreversible Prozesse, können die empfindliche Feinabstimmung unseres Lebensraumes stören und eine chaotische Dynamik entwickeln. Am Ende könnte ein Ergebnis stehen, was CE gerade verhindern soll: die Gefährdung des Lebens auf diesem Planeten.

Befürworter argumentieren, dass es schon immer solche oder ähnliche Eingriffe in die Natur gegeben hat. So hat z. B. der Bau von Häusern und Städten die Oberfläche der Erde nachhaltig verändert. Das großflächige Abholzen von Wäldern hat zu Wüstenbildungen oder Trockenzonen geführt, beispielsweise auf dem Apennin für den römischen Schiffsbau. Außerdem hat die Emission von Verbrennungsgasen zur Veränderung der atmosphärischen Zusammensetzung geführt. Zu nennen wäre hier der Londoner Nebel (Smog) mit dem Beginn des Industriezeitalters oder als Gegenmaßnahme die Einrichtung von Smokeless-Zonen in Glasgow, in der keine Kamine mehr betrieben werden durften. Durch das ständige Eingreifen in unsere Lebensräume im Rahmen der zivilisatorischen Entwicklung wäre Climate Engineering nicht nur legitim, sondern geboten.

Dem gegenüber argumentieren die Kritiker, dass es beim Einsatz von CE-Maßnahmen kein Testsystem gibt. Es existiert keine Test-Erde, auf der wir erst einmal die Auswirkungen dieser Maßnahmen austesten, modifizieren und optimieren können, bevor der große Roll-out auf das Live-System Erde stattfindet. Nein; alles hat am lebenden Objekt zu geschehen. Wir haben nur einen Schuss, und wenn dieser danebengeht, gibt es kein Zurück mehr. Das gilt sogar für individuelle Einzeltests bestimmter Verfahren.

Referenzpunkte

Unabhängig von möglichen anthropogenen Ursachen, hat die Erde zu unterschiedlichen Zeiten verschiedene Phasen des Klimawandels durchlaufen. Wenn Klimaziele proaktiv angepeilt werden, stellt sich die Frage nach den Zielwerten. Welche Periode der Erdgeschichte hatte wohl die idealen Bedingungen – und wenn: Wollen wir diesen Zustand wieder erreichen? Oder genügt es schon, den Status heute zu stabilisieren? Oder den Status von vor 50 oder 100 Jahren? Wenn wir den Status von vor der Industrialisierung anpeilen (ca. 1750), sollten wir bedenken, dass Europa noch unter den Folgen der letzten Kleinen Eiszeit litt.

Im Übrigen: Welche Instanz gibt dieses Ziel vor?

Fazit

Bestimmte Formen der Energieumwandlung und -nutzung können Einflüsse auf das globale Klima bewirken. Diskutiert haben wir in diesem Zusammenhang proaktive Eingriffe in das Klima, so als könnte man ingenieurmäßig wie an einer komplizierten Maschine einige Stellschrauben drehen und einen jeweils gewünschten Zustand einstellen. Die Argumente, die gegen den Einsatz der meisten, teilweise abenteuerlich anmutenden Maßnahmen sprechen, wiegen bei Weitem die befürwortenden auf, sodass groß angelegtes Climate Engineering als Option ausscheiden dürfte.

11 Energiekrise

Einleitung

Über Hunderte, ja Tausende von Jahren hat sich – zunächst gemächlich, dann immer rasanter – die Abhängigkeit des Menschen von der Energienutzung entwickelt – bis ganze Volkswirtschaften und das Wohlergehen aller Menschen auf die Versorgung mit Energie angewiesen wurden. Und so ist die physikalische Größe „Energie" wie kaum eine zweite zu einem maßgeblichen Wirtschaftsfaktor geworden. Nicht nur Wohlstand, sondern die gesamte Grundversorgung der Bevölkerung hängen von einem reibungslosen Funktionieren der erforderlichen Infrastruktur, der Verfügbarkeit von Energieträgern und der effizienten Verteilung von nutzbaren Energieformen ab.

Da stehen wir heute, und Störungen in dem Gesamtgefüge können zu katastrophalen Folgen führen. Das nennt man dann Energiekrise. Wie kann es zu einem solchen Szenario kommen?

Im Folgenden werden wir uns die Versorgungskriterien und die Abhängigkeiten vom Energiemix und der Bilanz beispielsweise in der Elektrizitätswirtschaft in der Praxis anschauen. Nach einer kurzen Erörterung möglicher Ursachen, die eine Energiekrise hervorrufen könnten, werden wir auf Planungsprophylaxe und – für den Ernstfall – das Notfallmanagement eingehen.

Bilanzkreise

Ein Bilanzkreis ist eine Größe des Energiemengenmanagements. In ihm werden Stromkunden und -lieferanten in einem bestimmten Gebiet zusammengefasst. In Energiemengenkonten werden alle Einspeisungen und Entnahmen des Übertragungsnetzbetreibers (ÜNB) saldiert. Abweichungen zwischen Lastprognosen und tatsächlichen Einspeisungen bzw. Entnahmen werden durch den ÜNB über Ausgleichsenergie kompensiert, die von den Lieferanten bezahlt werden muss.

Erzeugungsmix

Innerhalb eines Bilanzkreises kann Strom aus unterschiedlichen Quellen eingespeist werden. An der Steckdose kann ein Verbraucher die Erzeugungsart nicht differenzieren. Es ist davon auszugehen, dass der Mix insgesamt den grundsätzlichen Anteilen aller Erzeugungsarten am Markt entspricht, selbst, wenn ein Kunde sich per Vertrag für eine bestimmte Erzeugungsart entschieden hat.

https://doi.org/10.1515/9783111152554-011

Abnehmer

Abnehmer sind meistens:
- SLP-Kunden (Standardlastprofil, Haushalte)
- RLM-Kunden (registrierende Lastgangmessung / 1/4 stdl., Mittel- bis Großbetriebe)
- Abnehmer mit TLP (temperaturabhängige Lastprofile; aktualisiert durch Daten vom Deutschen Wetterdienst).

Fahrpläne

Die Fahrpläne für den ÜNB sind bilanzkreisspezifisch. In der Abbildung 11.1 sind Einspeiser und Abnehmer symbolisch dargestellt. Ziel ist es, über ständig angepasste Fahrpläne Bedarf und Angebot in Einklang zu bringen.

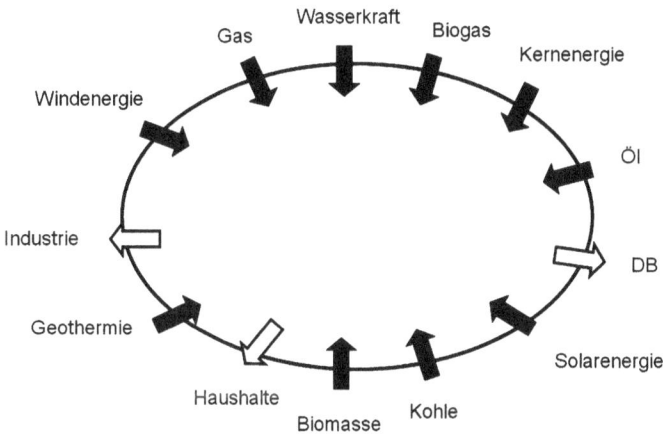

Abb. 11.1: Bilanzkreis.

Versorgungskriterien

Bei der Versorgung der Abnehmer spielen folgende Aspekte eine wichtige Rolle:
- technische Sicherheit
- Anlagenverfügbarkeit
- Transportnetze
- Speichermöglichkeiten
- Brennstoffverfügbarkeit
- Sauberkeit der Gesamtbilanz
- Kosten.

Wie kann es zu einer Energiekrise kommen?

Wenn wir uns die Versorgungskriterien oben noch einmal anschauen, dann fallen sofort drei Kriterien auf, die zu einem Energieengpass führen können:
- Anlagenverfügbarkeit (nicht gegeben z. B. durch Abschalten bestimmter Erzeugungsanlagen: Kernkraftwerke, Kohlekraftwerke)
- Transportnetze (fehlende Transportmöglichkeit von Windkraftanlagenstrom in den Süden)
- Brennstoffverfügbarkeit (Erdgas)
- Versorgungsengpässe, hervorgerufen durch
    - politische Entscheidungen
    - Krieg
    - Naturkatastrophen.

Alle Versorgungskriterien müssen jedoch Gegenstand einer lang- und mittelfristigen Gesamtplanung sein, die alle Elemente des Bilanzkreises berücksichtigt. Erst aufgrund eines solchen planmäßigen Vorgehens sollten politische Entscheidungen, die von anderen als rein technische Kriterien bestimmt werden, getroffen werden. Ein solches Planungsmodell kann in vier Ebenen dargestellt werden.

Planungsebenenmodell für eine Energiestrategie

Damit überhaupt eine zeitliche Betrachtung möglich ist, muss die Energiewirtschaft in einem Lande zunächst systematisch erfasst und dargestellt werden. Ein Anfang ist gemacht, wenn ein erster Plan erstellt wird. Planen heißt in diesem Zusammenhang, ein Ereignis auf der Zeitachse zumeist in der Zukunft abzubilden, ausgehend von einem festgeschriebenen Starttermin der Betrachtung. Ist das geschehen, kann auf dieses zu erwartende Ereignis hin gearbeitet werden. Auf diese Weise lassen sich alle Vorhaben zeitlich einordnen und darstellen. Hat man erst einmal einen solchen ersten Plan, kann man später die Wirklichkeit dagegen prüfen, Abweichungen feststellen und eventuell eine Neuplanung vornehmen – für einen bestimmten Vorgang oder für alle davon abhängigen relevanten Vorfälle.

In Abbildung 11.2 werden die Planungsebenen vorgestellt.

Alle Planungsebenen – außer der langfristigen SOLL-Planung – sind über Rückmeldemechanismen miteinander verbunden. Die Planungsgegenstände sind:
- Kapazitätsbedarf
- Anlagen, Kraftwerke
- Einspeiser-Prognosen
- Übertragungs- und Transportnetze
- Energieträger
- Abnehmer.

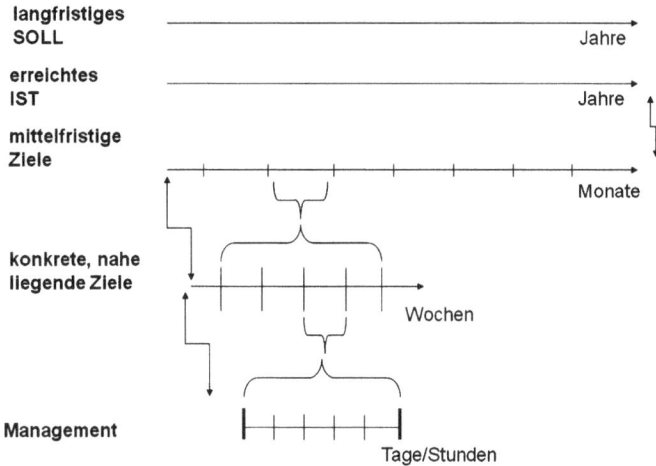

Abb. 11.2: Planungsebenen.

Die Planungsebenen im Einzelnen bedeuten:

Langfristiges SOLL

Der Zeithorizont kann sich auf ein Kalenderjahr oder auf eine längere Zeitstrecke beziehen. Es handelt sich im Wesentlichen um Vorgabewerte, die zunächst über einen gewissen Zeitraum bestehen bleiben. Sie dienen als Referenz für die Zielerreichungswerte auf den unteren Planungsebenen.

Langfristiges IST

Auf dieser Ebene werden die tatsächlich erreichten IST-Werte über Rückmeldungen der darunter liegenden Ebenen kumuliert. Durch Vergleich der SOLL- mit der IST-Ebene können Abweichungen festgestellt werden, die zu neuen Entscheidungen führen und ein Gegensteuern ermöglichen.

Mittelfristige Ziele

Hier bewegen wir uns in einem engeren Planungsraster, beispielsweise einer Monatsrasterung, aber immer noch mit dem gleichen Planungshorizont wie dem der darüber liegenden Ebenen. Die Planungsgegenstände können auf dieser Ebene heruntergebrochen werden. Wurden auf den oberen Ebenen z. B. noch Gesamtkraftwerkskapazitäten betrachtet, so sind auf dieser Ebene einzelne Kraftwerke, die sich z. B. im Bau befinden oder einem Wartungsfenster unterliegen, Gegenstand der Planung. In diese Planung fließen auch Prognosewerte ein, die sich aus wirtschaftlicher Entwicklung und jahreszeitlichen Schwankungen herleiten.

Die Mittelfristplanung sollte rollierend vorgenommen werden, d. h. nach jedem abgelaufenen Planungsmonat mit aktualisierten IST- und Prognosewerten neu aufgesetzt werden. Ihre Verbindlichkeit nimmt mit fortschreitendem Planungshorizont ab, während sie im zeitlichen Nahbereich hoch ist.

Konkrete, naheliegende Ziele

Bei der Feinplanung unterhalb der Mittelfristplanung wird das Planungsraster verfeinert, also Monate werden z. B. in Wochen aufgeteilt. Im zeitlichen Nahbereich bleiben die Planwerte nach wie vor verbindlich, während die Verbindlichkeit auch dieser Planung mit dem Zeithorizont abnimmt.

Während die Ebenen darüber Gegenstand einer deterministischen Planung sind, bei der Start- und Endtermin fixiert sind, und bei der Umsetzung versucht wird, diese Vorgaben konsequent durchzuhalten, greift auf der Feinplanungsebene die stochastische Planungsphilosophie. Bei diesem Ansatz werden zwar z. B. monatliche SOLL-Werte vorgegeben, die Erfüllung dieser Ziele und in welcher Reihenfolge und mit welchen Mitteln wird innerhalb eines Monats den ausführenden Organen vor dem Hintergrund von Verfügbarkeiten und Kapazitäten überlassen. Bei der deterministischen Planung wird vorwärts terminiert und dabei der Zieltermin errechnet, wobei bei der stochastischen von einem vorgegebenen Endtermin rückwärts terminiert wird.

Management

Hierbei handelt es sich um das Feld des Eingreifens – insbesondere bei kritischen Planabweichungen. Dabei spielen wirtschaftliche und technische Gründe, aber auch Verfügbarkeiten von z. B. Energieträgern eine wichtige Rolle. Gefordert sind nicht nur die ausführenden energiewirtschaftlichen Instanzen, sondern – je nach Problemlage – auch die Politik.

Es wäre fatal, wenn Planungen erst auf dieser Ebene beginnen, da es sich dabei lediglich um reaktives Agieren handeln würde, auf dessen Basis eine stabile Langfristplanung mit entsprechenden Sicherheiten nicht möglich ist.

Wichtig im gesamten Planungsgeschehen sind die Rückmeldungen von den unteren Ebenen auf die jeweils darüber liegenden, auf denen die Rückmeldewerte konsolidiert werden, sodass sich ein transparentes Gesamtbild ergibt, mit dem die Zukunft mittels nachvollziehbarer Entscheidungen konsequent angegangen werden kann. Durch zusätzliche Simulationen auf allen Ebenen können die Konsequenzen von Einzelentscheidungen abgebildet werden, z. B. wenn bestimmte Energieträger aus dem Gesamtmix ausgeschieden werden sollen, oder wenn Strom aus anderen Ländern eingeführt werden soll.

Sämtliche Planungen lassen sich auch als Meilensteine abbilden. Gibt es Abweichungen aufgrund von irgendwelchen Störfaktoren (z. B. Pipelinestörung), können solche Ereignisse erfasst und gesondert abgearbeitet werden. Das Gleiche gilt auch bei Prioritätenänderungen. Nicht alle Wünsche, die in eine erste Planung einfließen, haben die gleiche gesellschaftliche Wertigkeit oder Bedeutung, manche sind „nice-to-have", andere unabdingbar.

Egal, welche Instrumente und Methoden, welche Dringlichkeit oder Wichtigkeit – die Anzahl möglicher Planungsvariablen für den Energiebereich ist endlich. Man kann eine aktuelle Situation sichtbar machen, dokumentieren und begründen, man kann auch aufzeigen, welche Handlungsalternativen offen stehen. Das ist ein Vorteil gegenüber einem ungeordneten Krisenzustand.

Planung löst allerdings keine Grundsatzprobleme, sie lindert im besten Falle deren unmittelbare Auswirkungen. Grundsatzprobleme können in einem veralteten Anlagenpark liegen oder z. B. in ungeeigneten Organisationsstrukturen, die auf den Markt reagieren müssen. Sie können das Ergebnis einer quantitativ oder qualitativ ungeeigneten personellen Ausstattung sein. Oder sie sind beim Management zu suchen.

Die Transparenz des Planungsgeschehens hilft im Grenzfall, schmerzhafte Entscheidungen zur Lösung von Prioritätskonflikten und zum radikalen Umorientieren zu treffen und zu begründen. Der Schlüssel dazu liegt nicht im System, sondern immer bei den Entscheidungsträgern.

Notfallmanagement

Tritt trotz aller Vorsorgemaßnahmen dennoch ein Notfall als Folge einer Energiekrise aufgrund der oben angeführten Engpassszenarien ein, sollte ein adäquates Notfallmanagement ausgelöst werden. Notfallmanagement kommt nicht nur zum Einsatz, wenn der Ernstfall eingetreten ist, sondern dient ebenso der Prävention zur Vorbereitung auf Krisen- und Notfallszenarios. Dabei werden im Vorfeld Maßnahmen festgelegt, die Auswirkungen durch plötzlich eintretende Notfälle minimieren sollen und ein zeitnahes Wiederaufnehmen normaler Aktivitäten voranbringen.

Notfallmanagement umfasst:
- eine systematische Vorgehensweise mit dem Ziel der:
  - zeitlichen und örtlichen Begrenzung von Ausnahmesituationen.

Begrenzung von wirtschaftlichen und materiellen Schäden, hervorgerufen durch nicht vorhersehbare äußere oder innere Ursachen
- die Schaffung von organisatorischen Voraussetzungen; wozu Folgendes gehört:

- eine entsprechende Organisationsstruktur, die bereits vor Eintritt des Ernstfalls aktiv ist und Präventivmaßnahmen festlegt und dann im Ernstfall zentrale Maßnahmen durchführt und überwacht
- eine dazu gehörige Prozessorganisation, die im Notfall aus dem Stand aktiviert werden kann
- eine konzeptuelle Basis zur Sicherstellung vorher definierter strategischer Ziele
- die unmittelbare Reaktion bei Eintritt eines tatsächlichen Notfalls auf Basis der vorbereiteten Skripte
- die Sicherstellung der Kontinuität der elementarsten Wirtschafts- und Versorgungsprozesse unter den Bedingungen der durch den Notfall entstandenen neuen Situation.

Bei der Durchführung müssen folgende Aspekte erledigt werden:
- Auswirkungsanalyse
- Risikoanalyse
- Fortführungsstrategie
- Systemtests.

Auswirkungs- und Risikoanalysen sind das Rückgrat des Notfallmanagements. Sie:
- sind die Basis für das gesamte Notfallkonzept,
- legen fest, was ein Notfall ist,
- und die identifizieren die Zusammenhänge und Bedrohungen.

Die Fortführungsstrategie ist das Ergebnis des Abgleichs der Auswirkungsanalyse mit den kritischen Prozessen und führt zu:
- der Entwicklung von Strategien unter Berücksichtigung des oben Gesagten (Risikobereitschaft etc.)
- der Identifikation von Maßnahmen: die Auswirkungsanalyseergebnisse beschränken die Handlungsoptionen auf das notwendig Leistbare
- dem Schutz kritischer Aktivitäten – und später Wiederherstellung im Rahmen der angestrebten Wiederherstellungszeiten innerhalb festgelegter Ziele, die durch die Notfallstrategie vorgegeben sind.

Fazit

Planungsgeschehen und Notfallmanagement bedingen einander. Ist keine Planungssicherheit vorhanden, weil keine Planung vorhanden ist, wird die Abwehr eines potenziellen Notfalls zum ständigen Tagesgeschäft. Gibt es kein vorbereitetes Notfallmanagement, werden im Falle eines tatsächlich auftretenden Notfalls strategische Minimalziele nicht erreicht. Um eine funktionierende Energiewirtschaft zu gewährleisten, lohnt es sich, diese Schritte zu gehen.

12 Robert Mayer Revisited

Dr. Robert Mayer saß in seinem Deckstuhl auf der Schiffsreise nach Batavia. Man schrieb das Jahr 1850. In Europa wurden fleißig die bis dahin kompliziertesten Maschinen gebaut und eingesetzt: in Textilfabriken und in den Lokomotiven der Eisenbahn sowie in Dampfschiffen. Und das alles, ohne dass die dahinter liegenden physikalischen Gesetze bekannt und formuliert worden waren. Robert Mayer beobachtete das Meeresleuchten des Nachts und die anrollenden Wellen während des Tages. Er überlegte viel. Aber er war kein Physiker, sodass es schwierig für ihn war, seine Gedanken mathematisch zu systematisieren. Dennoch brachte er sie später in eine Form, die andere Wissenschaftler zweifelsohne verstehen konnten – und auch verstanden hatten, wie die Veröffentlichungen von Koryphäen auf diesem Gebiet beweisen, die sich Mayers Gedankengut zu eigen machten.

Zehn Jahre später sprang er aus Verzweiflung aus dem Fenster. Unerträglich war der Irrweg für ihn geworden zwischen anerkannten Fachleuten und Familienmitgliedern, die ihn allesamt ignoriert oder verspottet hatten. Der ganze Ort wusste von dem Fenstersprung des Doktors. Er wurde zum Narren abgestempelt. Das letzte Stück Irrweg führte ihn durch diverse Anstalten. Trotzdem behielt er so viel klaren Verstand, dass er seine endgültige Entlassung aus dem Sanatorium in Göppingen auf rechtlichem Wege durchsetzen konnte. Und das alles wegen dieses Erhaltungssatzes der Energie.

> In einem geschlossenen System bleibt der gesamte Energievorrat als Summe aus mechanischer, sonstiger und Wärmeenergie konstant.

Hier noch die Lebensstationen von Dr. Julius Robert Mayer vor dem Hintergrund seiner Entdeckung, die heute zu den Grundpfeilern der Physik gehört:

Robert Mayer wurde am 25. November 1814 in Heilbronn geboren. Am 18. Februar 1840 lief er als Schiffsarzt mit dem holländischen Frachter „Java" nach Batavia aus. Auf dieser Reise stellte er erste Überlegungen zur Erwärmung von Wasser durch Bewegung während der Überfahrt an. Blutuntersuchungen an Matrosen ergaben, dass am Ende eines Arbeitstages das Blut ärmer an Sauerstoff (dunkler) war. Sauerstoff wurde verbrannt, Wärme in Arbeit umgewandelt. Auf der Rückreise, die ihm 120 Tage zum Nachdenken gab, erkannte er:

> Licht, Wärme, Schwerkraft, Bewegung, Magnetismus, Elektrizität sind Manifestationen ein- und derselben „Urkraft".

Er verfasste ein erstes Manuskript, das er bei Poggendorffs „Annalen der exakten Wissenschaft" einreichte. Es bestand aus sechs Seiten Spekulation. Um seine Theorie zu untermauern, berechnete er das mechanische Wärmeäquivalent (die erforderliche Wärmemenge um 1000 g Wasser von 0 auf 1 Grad zu erwärmen). Die Professoren Nörrenberg

https://doi.org/10.1515/9783111152554-012

in Tübingen und Jolly in Heidelberg lehnten seine Theorie ab. Im Jahre 1842 erschien eine revidierte Abhandlung in Liebigs „Annalen der Chemie und Pharmazie".

Es vergingen sieben Jahre ohne eine Reaktion aus der Wissenschaft. Weitere Revisionen wurden von allen Verlagen abgelehnt. Mayer ließ eine Abhandlung auf eigene Kosten drucken und verschickte sie an die wichtigsten europäischen Akademien – ohne Erfolg. In England bestätigte James Prescott Joule Mayers Thesen experimentell, unterließ aber Mayers Namen und Referenz in seiner Veröffentlichung. Auf Basis von Joules Erkenntnissen entstand der Artikel „Über die Erhaltung der Kraft" von Hermann von Helmholtz, ohne dass Mayer erwähnt wurde. Das Ergebnis war ein Prioritätenstreit.

Freunde, Bekannte und seine Frau gaben ihn auf. Es folgten die Einweisung Mayers in psychiatrische Anstalten und ein Selbstmordversuch. Nach zehn Jahren vergeblichen Kampfes um Anerkennung nahm er seine Arztpraxis in Heilbronn wieder auf.

Viele Jahre später verkündete die Royal Society, dass Robert Mayer die Entdeckung des Energieerhaltungssatzes zukommt. Er starb am 20. März 1878 in Heilbronn.

Fokus und Wirkgeschichte

Robert Mayers Lebenswerk ist zugleich ein Fokus, ein Brennpunkt, der Physikgeschichte und unterschiedlichster Wissenschaftsdisziplinen. Die Wirkgeschichte der Energie begann lange Zeit vor ihm und fiel letztendlich mit seiner grundlegenden Entdeckung zusammen. Die Auswirkungen dieser epochalen Entwicklung sind bis heute nicht nur greifbar, sondern bestimmen zu einem großen Teil unser tägliches Leben und den Wohlstand von Staaten und Völkern. Sie sind Teil von Verteilungskämpfen und politischen Auseinandersetzungen. Wie konnte es dazu kommen?

Uns ist einmalig mit der Entstehung unseres Kosmos ein begrenzter Energievorrat zur Verfügung gestellt worden, der sich weder vernichten noch erweitern lässt, schon gar nicht erneuern. Was allerdings stattfindet – und das sowohl in der Natur als auch durch von uns geschaffene Apparaturen – ist die Umwandlung einer Energieform in eine andere. Bei jeder Energieumwandlung findet jedoch eine Verringerung der nutzbaren Komponente einer Energieform statt.

Zum Verständnis dieser Ausgangslage dient bisher das Standard-Urknall-Modell. Es besagt u. a., dass Masse und Energie im Universum endlich sind, und damit steht nur ein begrenzter Energievorrat zur Verfügung. Und davon ist wiederum nur ein Teil in nutzbare Energie umwandelbar. Bei den Umwandlungen – gleich welcher Art – wird dabei Energie entwertet, sodass der Anteil nutzbarer Energie stetig abnimmt.

Schon früh wurde das Wort „Energie" geprägt – wenn auch seine Bedeutung mit dem heutigen physikalischen Begriff zunächst wenig gemein hat. Das Wort „Energie" im Deutschen oder verwandte Begriffe in den anderen europäischen Sprachen leitet sich vom altgriechischen „energeia" ab. Die physikalische Größe „Energie", wie wir sie heute verstehen, wird eben nicht durch das Wort „energeia" zum Ausdruck gebracht. „Energeia" wurde in einem philosophischen Konzeptzusammenhang geprägt, der weit über

das Materiell-Physikalische hinausgeht. Aber gleichzeitig gab es physikalische Erkenntnisse in derselben Epoche, die für das spätere Energieverständnis bedeutsam waren. Dazu gehörten:
- die Unausweichlichkeit natürlicher Prozesse,
- die Entdeckung des physikalischen Zeitbegriffs, und damit zusammenhängend
- die physikalische Kausalität.

Der natürliche Prozess ist zeitgebunden. In ihm folgt eine Wirkung auf eine Ursache, die selbst wieder Ergebnis einer anderen Ursache ist, innerhalb einer beschränkten Zeit.

Aristoteles gebrauchte „energeia" oder auch „entelecheia" im Zusammenhang mit der Bewegung und „dynamis" für das Potenzielle. Die Scholastiker übersetzten lateinisch „actus" für „energiea" und „potentia" für dynamis. Diese philosophische Konzeption der Urdifferenz zwischen dynamis und energeia, potentia und actus spiegelt sich heute in dem Begriffspaar „kinetische" und „potenzielle" Energie wider.

Die physikalischen Zustände und deren Änderungen mit der Zeit, die wir heute mit dem Begriff „Energie" verbinden, wurden noch viele hundert Jahre lang durch andere Begriffe beschrieben oder angenähert. Zu erwähnen ist hier besonders die Impetus-Theorie von Johannes Buridan, Albert von Rickmersdorf, Nikolaus von Oresme und Marsilius von Inghen.

Während im Englischen die physikalische Arbeit („work") von der ökonomischen („labour") klar unterschieden ist, ermöglichen die gleichlautenden Termini im Deutschen und im Französischen (travail, travail d'une force) Übertragungen zwischen beiden Begriffen. Später ging der Begriff „Energie" aus dem französischen und englischen Kontext durch Entlehnung vom französischen Substantiv „énergie" auch ins Deutsche über.

Erst nach der Mitte des 19. Jahrhunderts wurden mithilfe der Energiegröße einzelne Gebiete der Physik miteinander verbunden. Im Energiebegriff sammelte sich schließlich ingenieurtechnisches, physiologisches, chemisches, physikalisches und ökonomisches Wissen der Zeit. Einer der Ersten, der eine genaue Definition für die kinetische Energie und für die mechanische Arbeit entwickelte, war Gaspard Gustave de Coriolis (1792–1843), ein französischer Mathematiker und Physiker.

Dann betrat Robert Mayer die Bühne der Geschichte. Sein wechselhaftes Schicksal haben wir gebührend behandelt. Der erste Hauptsatz der Thermodynamik war geboren. Allerdings war er nicht allumfassend. In seinem Fahrwasser folgten bald weitere Konsequenzen für die Wissenschaft. Gab es einen ersten, so musste es mindestens auch einen zweiten Hauptsatz geben.

Die Hauptleistung von Rudolf Clausius, mit der er in die Wissenschaftsgeschichte einging, war die Formulierung des zweiten Hauptsatzes der Thermodynamik. Dieser resultierte aus seinen Überlegungen und Untersuchungen der Umwandlung von Wärme in Arbeit. Zwei unmittelbare Konsequenzen dieses Satzes sind die Tatsachen, dass ohne Zufuhr von Arbeit Wärme nicht von einem kalten in ein wärmeres System übergehen kann und dass ein Perpetuum Mobile nicht möglich ist. Um diesen Hauptsatz zu formulieren, führte Clausius einen neuen Begriff ein: „Entropie" für „Äquivalenzwert der Verwandlung", und knüpfte damit an die alten Überlegungen der Vor-Sokratiker an:

Alle natürlichen Prozesse sind irreversibel.

Energie-Empirie

Soweit das theoretische Gerüst. Aber die Menschheit hat sich seit frühen Zeiten mit der Energie und ihrer Verwendung beschäftigt – ohne weder den präzisen Begriff zu kennen, noch die physikalischen Gesetze formuliert zu haben. Wohl aber waren ihre Ursachen und Wirkungen aus der praktischen Anwendung bekannt. Somit gab es ein frühes Ingenieurwesen, das rein auf Erfahrungen basierte – eine empirische praktische Wissenschaft.

Die früheste Hochkultur, in der die systematische Verwendung von Nutztieren belegt ist, war das antike Ägypten. Die Bewässerung von Feldern wurde von sog. Schaduffs unterstützt. Später wurde der Schaduff durch den Göpel weitestgehend ersetzt. Göpel wurden auch in Deutschland bis zum Einsatz der Dampfmaschinen noch betrieben. In einem Göpelwerk wird eine senkrechte Antriebswelle von einem Zugtier in Rotation gebracht. Zum Umbrechen des Erdreichs und Vorbereitung für die Aussaat wurde auch im alten Ägypten bereits der Pflug eingesetzt. Eine erste einfache Wärmekraftmaschine war der Heronsball, benannt nach Heron von Alexandria, einem altgriechischen Mechaniker.

Zur Erzeugung thermischer Energie dienten Holz, Holzkohle und Torf sowie tierische Exkrementen seit Tausenden von Jahren. Die Beherrschung des Feuers begann etwa vor 500.000 Jahren. Die Entwicklung ganzer Heizungssysteme, insbesondere für Badezwecke, blieb den Römern vorbehalten.

Der Transport von Gütern über weitere Strecken erfolgte auf dem Land mittels Tragtieren und später von Zugtieren beförderten Wagen.

Während Wassermühlen als Wasserräder, die von fließenden Gewässern angetrieben wurden, bereits um die Zeitenwende insbesondere auch von den Römern betrieben wurden, setzte sich die Windmühle erst im 12. Jahrhundert in Europa durch. Eine archimedische Schraube nutzte die Schwerkraft zum horizontalen bzw. schräg vertikalen Vorwärtstransport des Fördermaterials und stellte somit einen Sonderfall eines Schneckenförderers dar.

Flaschenzüge zum Heraufhieven von Waren dienten der Krafteinsparung. Kolbenpumpen, wegen ihres Funktionsprinzips, auch als Hubkolbenpumpen bezeichnet, wurden bereits von den alten Römer betrieben. Treträder wurden zum Wasserschöpfen, zum Lastenheben, aber auch im alten China zum Antrieb von Schiffen eingesetzt.

Moderne Zeiten

Dann folgte der Siegeszug der Wärmekraftmaschine. Bei einer Wärmekraftmaschine wird dem Arbeitsmedium Energie durch Wärme zugeführt. Ab dem 18. Jahrhundert erschien ein Gerät, basierend auf diesem Grundprozess, in der Arbeitswelt, welches völlig neue Möglichkeiten der Energieumwandlung und damit -anwendung erschloss: die Dampfmaschine.

Kurz nach Beginn der industriellen Revolution kam ein weiterer neuer Energieträger zum Einsatz: Leuchtgas. Und ab Mitte des 19. Jahrhunderts bekam die Dampfmaschine als Antriebsaggregat Konkurrenz durch die Entwicklung des Verbrennungsmotors und durch elektrische Antriebe. Durch die Erfindung des Verbrennungsmotors wurden Pferdefuhrwerke zum Lasten- und Personentransport durch Automobile ersetzt, in der Landwirtschaft Ochsenkarren und von Pferden gezogene Pflugscharen durch Traktoren. In klassischen Wärme- und Verbrennungskraftanlagen wird die chemische Bindungsenergie fossiler Brennstoffe in mechanische Arbeit und über deren Weitergabe an Generatoren in Elektrizität umgewandelt. Es gibt allerdings auch Wärmekraftanlagen, die nicht auf fossiler Brennstoffbasis arbeiten; in diesen Anlagen wird nicht die chemische Bindungsenergie freigesetzt, sondern die nukleare: Kernkraftwerke.

Neuere Arten der Energieverwertung

Bei der Solarenergie erfolgt die Umwandlung zu nutzbarer Energie zur Strom- oder Wärmeerzeugung. Wasserkraft wird in Staustufen über Turbinen und Generatoren in elektrische Energie umgewandelt. In Speicherkraftwerken wird vor allem die potenzielle Energie des Wassers zur Stromerzeugung genutzt. Bei der Windenergie handelt es sich um die kinetische Energie der bewegten Luftmassen der Atmosphäre, also die kinetische Energie der Luftteilchen, welche sich mit einer bestimmten Geschwindigkeit bewegen. Durch die Bewegung eines Rotors erfolgt auch hierbei die Umsetzung in elektrische Energie.

Mit Biomasse bezeichnet man organische Stoffe wie Gemüse, Früchte und Gartenabfälle, Gehölzschnitt, verbrauchtes Speiseöl, Dünger, Abwässer und landwirtschaftliche Erzeugnisse, ebenso Stroh, Sonnenblumenkerne und Fruchthülsen. Biomasse kann – ähnlich wie die klassischen fossilen Brennstoffe – in Verbrennungsanlagen eingesetzt werden. In Biogasanlagen werden ebenfalls organische Stoffe als Energiequelle genutzt.

Und schließlich Erdwärme: sie gehört zu den Energieträgern, die anscheinend auch als unerschöpflich gelten. Anwendung findet sie z. B. in Wärmepumpen – also in Haushalten – oder in Großkraftwerken.

Zukunftsvisionen

Die Behauptung steht im Raum: „Wasserstoff ist das neue Erdöl". Gegenwärtige Planungen für den Einsatz von Wasserstoff umfassen:
– Brennstoffzellen für:
  – Blockheizkraftwerke
  – Notstromversorgung
  – Stromversorgung von Flugzeugen
  – Fahrzeugantriebe
– Wasserstoffverbrennungsmotor.

Folgende Einsatzgebiete bieten sich an:
– Transportwesen: Bahn, Schwerlastfahrzeuge, Schifffahrt, Luftfahrt, Landwirtschaft, öffentlicher Nahverkehr
– in bisher CO_2-lastigen Produktionszweigen: Stahlindustrie, Kalk- und Zementindustrie, chemische Industrie, chemische Verfahrenstechnik
– Herstellung bestimmter Produkte: synthetische Kraftstoffe, organische Wertstoffe
– Brennstoffzellentechnologien.

Neben Fahrzeugen, die über Brennstoffzellen angetrieben werden sollen, existieren allerdings bereits in großem Maßstab Elektroautos, die über Batterien durch einen elektrischen Wechselstrommotor ihren Antrieb erhalten. Insofern ist diese Vision schon Realität geworden. Zusätzlich zu den Antriebstechnologien Verbrennungsmotor auf Basis fossiler Brennstoffe, Elektromobilität und Wasserstoff-Brennstoffzelle wird seit einiger Zeit der Einsatz synthetischer Kraftstoffe, sogenannter E-Fuels, diskutiert.

Die Realisierung einer anderen Vision lässt allerdings noch auf sich warten: Kernfusion. Die Theorie basiert auf der Erkenntnis, dass bei der Fusionierung der leichtesten Kerne Bindungsenergie freigesetzt wird, die erheblich höher liegt als bei der Spaltung. Seitdem hat man sich bemüht, die entsprechenden Reaktionen ebenfalls auf kontrollierte Weise zur Erzeugung elektrischer Energie zu nutzen – in einem (noch zu bauenden) Fusionsreaktor.

Unabhängig von der Art der Energieverwertung macht man sich Gedanken über eine effizientere Nutzung vorhandener und zukünftiger Ressourcen. Bei der Smart-Energy-Vision handelt es sich nicht um neuartige Energien zur Energieumwandlung, sondern um die Nutzung bereits vorhandener bzw. geplanter Energietechnologien durch Verbraucher und die Bereitstellung der Energieversorgung auf effizientere Weise als bisher. Die entscheidende Voraussetzung zur Verwirklichung dieser Vision ist die Kopplung von Versorgungsnetzen mit Informationsnetzen.

Energie und Weltbild

Um und kurz nach der Wende zum 20. Jahrhundert, wurde das klassische Weltbild durch zwei außergewöhnliche Erkenntnisse erschüttert: das, was wir heute als moderne Physik bezeichnen, wurde geboren. Die beiden Protagonisten, die primär dafür verantwortlich waren, waren Max Planck und Albert Einstein. Sie riefen nicht nur eine jeweils neue, revolutionäre Physik ins Leben. Auch der Begriff „Energie" gewann neue Bedeutungen und wurde zu einem zentralen Element in der weiteren wissenschaftlichen Diskussion und Forschung.

Unmittelbare Konsequenzen der Quantenphysik und der Relativitätstheorie verlangten eine neue Denkweise: das Kontinuum ging verloren, durch die Einsicht, dass Naturereignisse in diskreten Zuständen beschrieben werden können – oder besser gesagt: auf diese Weise beschrieben werden mussten, und Eindeutigkeiten gingen gleichfalls verloren und mussten durch Wahrscheinlichkeit ersetzt werden. Die Quantentheorie verursachte also den Verlust von Konzepten, die bis dahin der westlichen Denkweise nicht nur in der Wissenschaft, sondern auch im täglichen Leben teuer gewesen waren.

Durch die Erkenntnis, dass Energie und Masse äquivalent sind, erlangte seit Beginn der 50er Jahre des vergangenen Jahrhunderts der Energiebegriff eine zusätzliche Bedeutung. Ein neues Forschungsfeld mit immer größeren Forschungseinrichtungen, die von internationalen Kooperationen betrieben wurden, tat sich auf: die Hochenergiephysik. Auch in der Raumfahrt spielten von nun an Energiefragen eine wichtige Rolle.

Ursprünge

Keine der besprochenen Energieformen war von Anfang an in ihrer heutigen Form verfügbar. Wie lassen sie sich also auf ihren jeweiligen Ursprung zurückführen? Letztendlich kommen wir bei der Beantwortung dieser Frage zu dem Ergebnis, dass alle entweder auf atom- oder kernphysikalische Prozesse basieren.

In der Tabelle 12.1 sind die Ursprünge aller Energieformen noch einmal zusammengefasst.

Energie und Klima

Als der Mensch begann, sein Leben durch den Einsatz von Energieträgern, deren Umwandlung und nutzbaren Gebrauch zu erleichtern, betrachtete er zunächst lediglich die Auswirkungen seines Tuns auf sein eigenes Leben bzw. dem der Gruppe, in der er lebte. Die Gesamtzahl der Menschen, die diesen Planeten damals belebten, war gering im Vergleich zu heute. Dass die Energienutzung eines Tages vielleicht einmal das Klima beeinflussen könnte, war weder absehbar noch im Bewusstsein der frühen Menschheit.

Heute verfügen wir über Instrumente, die eine wissenschaftliche Beobachtung und Auswertung von Klimadaten ermöglichen. Kurzfristige Wahrnehmungen und Verglei-

Tab. 12.1: Ursprünge aller Energieformen.

Energieträger	Primärprozess
fossile Brennstoffe	Fusion, Photoeffekt, atomarer Prozess
Kernenergie	Kernspaltung
Solarenergie	Fusion, Photoeffekt, atomarer Prozess
Geothermie	radioaktiver Zerfall
Windenergie	Fusion, Wärmestrahlung
Wasserkraft	Fusion, Wärmestrahlung
Biomasse	Fusion, Photoeffekt, atomarer Prozess
Biogas	Fusion, Photoeffekt, atomarer Prozess

che mit Vergangenheitsdaten zeigen, dass das globale Klima sich verändert. Gibt es Möglichkeiten, die Entwicklung zu steuern? Und wie lassen sich proaktive Eingriffe in die Klimadynamik durchführen? Es werden grundsätzlich zwei Ansätze unterschieden:
– Carbon Dioxide Removal (CDR)
– Radiation Management (RM).

CDR hat zum Ziel, CO_2 durch biologische, chemische und physikalische Prozesse aus der Atmosphäre zu entfernen. RM soll den Klimawandel kompensieren, indem das kurzwellige Sonnenlicht reduziert und dessen Reflexion durch die Erdoberfläche und damit die langwellige thermische Abstrahlung erhöht wird.

Gegen RM-Maßnahmen gibt es schwerwiegende Gegenargumente:
– Bedenken der Wirksamkeit
– mangelnde ökonomische Effizienz
– hohe Risiken von unerwünschten Nebenwirkungen
– ethische Bedenken.

Kritiker argumentieren, dass es beim Einsatz von CE-Maßnahmen kein Testsystem gibt. Es existiert keine Test-Erde, auf der wir erst einmal die Auswirkungen dieser Maßnahmen austesten, modifizieren und optimieren können, bevor der große Roll-out auf dem Live-System Erde stattfindet. Alles hat am lebenden Objekt zu geschehen. Wir haben nur einen Schuss, und wenn der danebengeht, gibt es kein Zurück mehr. Das gilt auch für individuelle Einzeltests bestimmter Verfahren.

Beständigkeit

Und so hat sich die physikalische Größe „Energie" wie kaum eine zweite zu einem maßgeblichen Wirtschaftsfaktor entwickelt. Nicht nur Wohlstand, sondern die gesamte Grundversorgung der Bevölkerung hängen von einem reibungslosen Funktionieren der erforderlichen Infrastruktur, der Verfügbarkeit von Energieträgern und der effizienten Verteilung von nutzbaren Energieformen ab. Wie kann es sein, dass nach all den Jahrhunderten der Entwicklung bis hin zu komplexesten Spitzentechnologien immer noch ein Fragezeichen über diese Nutzung schwebt?

Wenn wir uns die Versorgungskriterien noch einmal anschauen, dann fallen mindestens drei Kriterien auf, die zu einem Energieengpass führen können:

- Anlagenverfügbarkeit (nicht gegeben z. B. durch Abschalten bestimmter Erzeugungsanlagen, Kernkraftwerke, Kohlekraftwerke)
- Transportnetze (fehlende Transportmöglichkeit von Windkraftanlagenstrom in den Süden)
- Brennstoffverfügbarkeit (Erdgas)
- Versorgungsengpässe, hervorgerufen durch:
  - politische Entscheidungen
  - Krieg
  - Naturkatastrophen.

Auf Wissenschaft und Technik und auf menschlichen Erfindungsreichtum kommen weiterhin Herausforderungen zu, die uns das Thema „Energie" auch in Zukunft nicht nur nicht vergessen lassen, sondern es nach wie vor zu einer Aufgabe mit hoher Priorität machen.

13 Energie-Zeittafel

Die Tabelle 13.1 zeichnet die wichtigsten Meilensteine der Energiegeschichte nach, wie wir sie in diesem Buch beschrieben haben:

Tab. 13.1: Energie-Zeittafel.

5000 v. Chr.	Feuerstellen im Wohnraum
3500 v. Chr.	Bewässerung von Feldern mithilfe eines Schaduffs im alten Ägypten, Einsatz von Pflügen
1200 v. Chr.	Tretrad
970 v. Chr.	Flaschenzug
800 v. Chr.	erste Kerzen
600–350 v. Chr.	erste philosophische Überlegungen über das Wesen der Materie durch die Vor-Sokratiker
624–544 v. Chr.	Begriff des "natürlichen Prozesses", physikalischer Zeitbegriff, Kausalität durch Anaximander
384–322 v. Chr.	Einführung des Begriffes "energeia" durch Aristoteles
287–212 v. Chr.	Archimedische Schraube
285–222 v. Chr.	Kolbenpumpe
80 v. Chr.	Römische Raumheizungssysteme
bis 62	Heronsball
bis 1000	Göpelwerke, Stockmühlen
1000	Wassermühlen
1000–1500	Begriffsbildung der Scholastik "actus" und "potentia"
1100	Windmühlen
1300–1400	Impetus-Theorie
1642–1726	der Trägheitsbegriff bei Isaac Newton
1646–1716	Gottfried Wilhelm Leibniz: Präzisierung des Energiebegriffs
1728	Dampfmaschine
1743–1794	Gesetz der Massenerhaltung durch Antoine Laurent de Lavoisier
1767	erstes Laufwasserkraftwerk an den Niagarafällen
Ende des 18. Jh.	Elektrizität
1792	Leuchtgas
1792–1843	Definition der kinetischen Energie und mechanischen Arbeit durch Gaspard Gustave de Coriolis
1820–1907	Einführung des Begriffs "energy", dtsch. "Energie", zur Unterscheidung von Newtons Kraft durch Rankine und Kelvin
1838	erste Brennstoffzelle durch Schönbein
1841	der erste Hauptsatz der Thermodynamik durch Robert Julius Mayer
1850	Verbrennungsmotor
1863	erstes Pumpspeicherkraftwerk in Gattikon, Schweiz
1865	der zweite Hauptsatz der Thermodynamik durch Rudolf Clausius
1881	erste elektrische Straßenbahn in Berlin
1887	erste Elektrizitätserzeugung durch Windenergie von James Blyth
Ende des 19. Jh.	Kraftwerke zur Stromerzeugung

https://doi.org/10.1515/9783111152554-013

Tab. 13.1 (Fortsetzung)

1900	Geburtsstunde der Quantenphysik
1904	erste Elektrizitätserzeugung durch Geothermie in Larderello, USA
1905	Relativitätstheorie
Beginn des 20. Jh.	Elektrizitätsübertragungsnetze
1919	induzierte Radioaktivität (Rutherford, Marsden)
ab 1922	Einspeisung von Biogas
1927	Synthetischer Kraftstoff Leuna-Benzin
1942	erster Kernreaktor pile-1 in Chicago
1945	erdgebundene Wärmepumpe in den USA
1950	Beginn der Hochenergiephysik
1954	erstes ziviles Kernkraftwerk in Obninsk, Russland
	Gründung von CERN
1958	Solarzellen (in der Raumfahrt)
1959	Gründung von DESY
ab 1960	Moselstaustufen
1962	erster Tokamak in der UdSSR
	Stanford LINAC
1968	FermiLab
1969	Gründung der GSI
Ende der 1970er Jahre	Pelletheizungen
seit 1990	Smart Meter im Einsatz
1997	Stellarator TJ-II in Madrid
2006	Start des ITER-Projektes
2008	Parabolrinnenkraftwerk Andasol, Spanien
2015	Betriebsbeginn von Wendelstein X-7 in Greifswald

Referenzen

[1] W. Osterhage, Energie ist nicht erneuerbar, Springer Spektrum, Wiesbaden, 2014.

[2] W. Osterhage, Ursprünge aller Energiequellen, Springer Spektrum, Wiesbaden, 2015.

[3] W. Osterhage, Die Energiewende: Potenziale bei der Energiegewinnung, Springer Spektrum, Wiesbaden, 2015.

[4] W. Osterhage, Chancen und Grenzen der Energieverwertung, Springer Fachmedien, Wiesbaden, 2019.

[5] W. Osterhage, Energy Utilization: The Opportunities and Limits, Springer Nature, Cham, 2019.

[6] J. Mansfeld, Die Vorsokratiker, Phillip Reclam jun., Stuttgart, 1999.

[7] W. Osterhage, Vom Ding an sich zum Internet der Dinge, Springer Vieweg, Wiesbaden, 2023.

[8] [(*Physics* 8.7, 260a26–b7). [Bodnar, Istvan, „Aristotle's Natural Philosophy", *The Stanford Encyclopedia of Philosophy* (Spring 2018 Edition), Edward N. Zalta (ed.), URL = https://plato.stanford.edu/archives/spr2018/entries/aristotle-natphil/]].

[9] R. Heinzmann, Thomas von Aquin – Eine Einführung in sein Denken, Kohlhammer, 1994.

[10] [APA citation. Dubray, C. (1907). Actus et Potentia. In The Catholic Encyclopedia. New York: Robert Appleton Company. Retrieved January 26, 2023 from New Advent: http://www.newadvent.org/cathen/01124a.htm].

[11] [Joe Sachs, Energeia and Entelechia, in: Aristotle: Motion and its Place in Nature. In: J. Fieser, B. Dowden (Hrsg.): Internet Encyclopedia of Philosophy].

[12] [https://studlib.de/6803/philosophie/energeia_entelecheia].

[13] https://www.cosmos-indirekt.de/Physik-Schule/Impetustheorie.

[14] https://begriffsgeschichte.de/doku.php/begriffe/energie.

[15] M. H. Shamos (Ed.), Great Experiments in Physics, Dover Piblications, New York, 1959.

[16] Norbert Schirra, Die Entwicklung des Energiebegriffs und seines Erhaltungskonzepts, Verlag Harry Deutsch, Thun/Frankfurt am Main, 1991.

[17] E. P. A. Heinze, Du und der Motor, Deutscher Verlag, Berlin, 1939.

[18] H. D. Baehr, Thermodynamik, Springer, Heidelberg, 1966.

[19] W. Osterhage, Spaltprodukt-Transmutator, DE 10 2018 001 445 B3 2019.06.19.

[20] Dual Fluid Energy Inc., Vancouver, Canada, media@dual-fluid.com.

[21] C. Aichele, Smart Energy, Springer, Wiesbaden, 2012.

[22] C. F. v. Weizsäcker, Große Physiker, Hanser, München, 1999.

[23] https://www.researchgate.net/publication/369572181_Proposal_for_the_Geometric_Unification_of_All_Known_Forces_in_Nature.

[24] W. Osterhage, Nuklearer Raketenantrieb, DE4012742A1.

[25] H. Frey, W. Osterhage, Transformation radioaktiver Abfälle, Springer, Wiesbaden, 2022.

https://doi.org/10.1515/9783111152554-014

Weiter führende Literatur

https://www.tuev-nord.de/explore/de/erinnert/eine-kurze-geschichte-der-energie/.

Dubray, C. (1907). Actus et Potentia. In The Catholic Encyclopedia. New York: Robert Appleton Company.

N. Schirra, Die Entwicklung des Energiebegriffs und seines Erhaltungskonzepts, Harry Deutsch, Frankfurt a. M., 1991.

https://www.oekosystem-erde.de/html/energiegeschichte.html.

W. Osterhage, Eine Rundreise durch die Physik (3. Auflage), Springer, Heidelberg, 2024.

W. Osterhage, Studium Generale Quantenphysik, Springer, Heidelberg, 2014.

C. Aichele, Smart Energy, Springer Vieweg, Wiesbaden, 2012.

M. Wietschel et al., Energietechnologien der Zukunft, Springer Vieweg, Wiesbaden, 2015.

H. Stroppe, Physik, Hanser, Leipzig, 2008.

E. Lohmann, Hochenergiephysik, Teubner, Stuttgart, 2005.

K. Simonyi, Kulturgeschichte der Physik, Harri Deutsch, Frankfurt a. M., 1990.

7000 Jahre Handwerk und Technik, Pawlak, Herrsching, 1986.

Rickels, W. et al., Gezielte Eingriffe in das Klima? Eine Bestandsaufnahme der Debatte zu Climate Engineeruing, Sondierungsstudie für das Bundesministerium für Bildung und Forschung, 2011.

Renn, O. et al., Climate Enginering: Risikowahrnehmung, gesellschaftliche Risikodiskurse und Optionen der Öffentlichkeitsbeteiligung, Studie für das Bundesministerium für Bildung und Forschung, 2011.

Planungsamt der Bundeswehr (Hrsg.), Future Topic Geoengineering, 2012.

J. Heintzenberg, Climate Engineering: Chancen und Risiken einer Beeinflussung der Erderwärmung – naturwissenschaftliche und technische Aspekte, Studie beauftragt vom Bundesministerium für Bildung und Forschung, 2011.

W. Osterhage, Climate Engineering – Möglichkeiten und Risiken, Springer Spektrum, Wiesbaden, 2016.

https://doi.org/10.1515/9783111152554-015

Personenverzeichnis

Anaxagoras 12, 13
Anaximander 12, 14
Anaximedes 12
Aquin, Thomas von 18
Archimedes 54
Aristoteles 6, 10–12, 15, 19
Avicenna 6, 22

Baur, Carl Wilhelm 36
Berthollet, Claude-Louis 26
Black, Joseph 40
Bohr, Niels 111
Boltzmann, Ludwig 109
Bondi, Hermann 7
Boulton, Matthew 60
Brande, William Thomas 63
Broglie, Louis de 121
Bruno, Giordano 7
Burbidge, Geoffrey 8
Buridan, Johannes 20

Cavendish, Henry 26
Clausius, Karl Ernst Gottlieb 46
Clausius, Rudolf Julius Emanuel 46, 107, 147
Comte, Auguste 7
Coriolis, Gaspard Gustave de 26, 147
Cusanus, Nikolaus 6, 7

Dalton, John 39
Davies, John 39
Davy, Humphry 63
Demokrit 12, 13, 110

Eddington, Arthur Stanley 114
Einstein, Albert 34, 108, 112
Empedokles 12, 13
Ernst August 23

Faraday, Michael 62
Folsome, Clair Edwin 131
Fourcroy, Antoine Francois de 26
Franklin, Benjamin 26

Galilei 15
Galilei, Galileo 7, 20, 22
Galvani, Luigi Aloisio 61
Gassendi, Pierre 22

Gold, Thomas 7

Haber, Fritz Jakob 108
Halley, Edmund 7
Heisenberg, Werner 112
Helm, Georg Ferdinand 30
Helmholtz, Hermann Ludwig Ferdinand von 34, 43, 107
Heraklit 12
Hertz, Heinrich Rudolf 34
Hoyle, Fred 7
Humboldt, Alexander von 10, 36
Humboldt, Wilhelm von 19
Huygens, Christiaan 7

Inghen, Marsilius von 20

Johann Friedrich 23
Jolly, Johann Phillip Gustav von 35, 107
Joule, James Prescott 39

Kant, Immanuel 7
Kelly, Kevin 131
Kelvin 27
Kepler, Johannes 7
Kirchhoff, Gustav 107
Ktesibios 56

Landerer, Heinrich 45
Laplace, Pierre-Simon 26
Lavoisier, Antoine Laurant de 25
Leibniz, Gottfried Wilhelm von 23
Lenin 29
Leukipp 12, 13, 110
Liebig, Justus 36

Macgregor, Anne 59
Marat, Jean Paul 26
Marchia, Franz von 21
Maxwell, James Clerc 28
Miller, Margret 59
Morveau, Bernard Guyto de 26

Narlikar, Jayant V. 8
Newcomen, Thomas 59
Newton, Isaac 22, 24, 27, 115
Nörrenberg, Johann Gottlieb Christian 35

https://doi.org/10.1515/9783111152554-016

Oberth, Hermann 125
Ockham, Wilhelm von 20
Oresme, Nikolaus von 20
Ostwald, Friedrich Wilhelm 29

Parmenides 12
Paulze, Marie Anne Pierette 25
Philoponos, Johannes 21
Planck, Erwin 108
Planck, Max Karl Ernst Ludwig 34, 35, 106, 114
Platon 6, 11, 17
Poggendorf, Johann Christian 33
Poncelet, Jean-Victor 26
Priestly, Joseph 25
Pythagoras 12

Rankine, John Macquorn 27
Reis, Philipp 34
Rickmersdorf, Albert von 20
Riebau, George 62
Roche, Henri de la 63
Roebuck, John 60
Röntgen, Wilhelm Conrad 34
Runge, Carl 107
Rutherford, Ernest 98, 110

Schelling, Friedrich Wilhelm Josef 31
Schönborn, Johann Phillip von 23
Schrödinger, Erwin 34, 112
Sextus Empiricus 12

Seyffer, Otto 45
Siemens, Werner von 44
Simplikios 11, 14
Smith, Adam 59
Stahl, Georg 25
Stokes, George 28

Tait, Peter 28
Tatum, John 63
Thales 12, 14
Theophrast 12
Turner, Michael S. 9

Vitruv 54
Volta, Alessandro Guiseppe Antonio Anastasio 62

Watt, James 26, 58, 59
Weisgerber, Leo 19
Weizsäcker, Carl Friedrich von 113, 118
Wertheimer, Max 114
Wilkinson, John 60
Wright, Thomas 7

Xenophanes 12

Young, Arthur 26

Zeller, Albert 45
Zenon 12
Ziolkowski, Konstantin Eduardowitsch 125

Sachverzeichnis

Absorber 70
Actus 17
adiabat 49
Air Capture Verfahren 135
Albedo 134
Andasol 73
Annalen der Chemie 37
Annalen der Physik 34
Arbeit 25, 27, 33, 37
Archimedische Schraube 54
Atom 13, 110
Atombombe 114
Atomkern 110
Atommodell 111
Auswirkungsanalyse 144
Automobil 67

Batterie 62
Bergbau 52
Bewegung 15, 20, 37
Bilanzkreis 138
Bindungsenergie 118, 128
Biodiversität 136
Biogas 82, 130
Biogasanlage 83
Biomasse 80, 129
Blockheizkraftwerk 88
Boltzmann-Konstante 109
Brennrate 125
Brennstoffzelle 88, 91
Brownsche Bewegung 114

Carbon Dioxide Removal 132, 134
Celsius-Skala 28
CERN 121
Chaos-Theorie 15
Corioliskraft 26, 129

Dampfkraftanlage 68
Dampfmaschine 58
DESY 122
Dieselmotor 67
Drehbank 57
Druckwasserreaktor 71
Dual Fluid Energy 101
Dunkle Energie 9
Dunkle Materie 8

dynamis 18

E-Fuel 102
Eisenbahn 60
Elektrizität 61, 66
Elektroauto 93
Elektrolyse 64, 89
Elektrolyt 61, 64
Elektromagnetismus 28, 114
Elektromobilität 93
Elektron 110
Elementarteilchenphysik 121
Emissionskontrolle 132
energeia 10, 18
Energetik 29
Energie 38
Energie-Dichte-Tensor 117
Energieengpass 140
Energiemengenmanagement 138
Energiemix 138
Energieverwertung 131
Energievorrat 4, 6, 128
Entropie 47, 108
Entsalzung 90
Erdkollektor 85
Erdrotation 116
Erdwärme 83
Erdwärmekraftwerk 85

Fankel 76
Faradayscher Käfig 64
Feinplanung 142
Feldtheorie 114
FermiLab 124
Fernwärme 85
Feststoffrakete 125
Feuer 51
Feuerstelle 52
Flaschenzug 55
Fracking 88
freier Fall 115
Fusion 95, 120

Galvanismus 61
Galvanometer 61
Generator 65
Geodäte 116, 117

https://doi.org/10.1515/9783111152554-017

Geothermie 85
Gestalttheorie 114
Gezeitenkraftwerk 53
Gezeitenmühle 53
Gluon 123
Göpel 51
Gravitation 114, 117
GSI 123

Halbleiter 74
Heizung 52
Herd 52
Heronsball 51
Higgs-Boson 121
Hochenergiephysik 121
Hubarbeit 37
Hybridfahrzeug 94

I. Hauptsatz 39
Idealismus 14
Idee 17
Impetus-Theorie 20
Inertialsystem 117
Infinitesimalrechnung 24
Innere Energie 38
Ionentreibwerk 126
ITER 95

Kalometrie 40
Kamin 53
Kanalbau 57
Kapazitätsbedarf 140
Kelvin-Skala 28
Kernenergie 70
Kernreaktor 70, 128
Kerze 52
Kettenreaktion 71
Klimawandel 131
Kohle 60
Kohlekraftwerk 68
Kohlevergasung 88
Kolbenpumpe 56
Koordinatensystem 116
Kosmologie 6
Kosmos 12
Kraft 27, 37, 117
Kreisprozess 57

Ladeinfrastruktur 94

Lagrange-Punkt 134
Längenkontraktion 116
Lastgangmessung 139
Lastprognose 138
Leistung 37
Leuchtgas 61
Lithiumionenbatterie 94
Lorentz-Transformation 116

Massendefekt 120
Massenerhaltungssatz 25
Metrik 116
Michelson-Morley-Experiment 29
Minkowski-Raum 116
Moderator 70
Monadentheorie 24
Muskelkraft 50
Mythologie 11

Neutrino 124
Notstromversorgung 88
Nukleon 118

Ochsenkarren 52
Offshore 80
Olivinpulver 135
Orion-Konzept 126

Parabolrinnenkraftwerk 73
Pellet 81
Pelletheizung 81
Pferdefuhrwerk 52
Pflug 51
Phlogistontheorie 25
Photoeffekt 129
photoelektrischer Effekt 113, 114
Photon 110
Photovoltaik 75
Plancksche Wirkungsquantum 108, 109
Planungsebene 140
Planungshorizont 142
potentia 18
Potenzialität 16
Propeller 55
Pumpspeicherkraftwerk 77
Pyrolyse 135

Quantenbahn 111
Quantenchromodynamik 121

Quantenelektrodynamik 123
Quantentheorie 106, 110, 151
Quark 121, 123, 124

Räderuhr 51
Radiation Management 132
Rakete 124
Raketengleichung 125
Raumfahrt 124
Raumzeit 115, 117
Relativitätstheorie, Allgemeine 114, 115
Relativitätstheorie, Spezielle 113, 116, 117, 120
Riemannscher Krümmungstensor 117
Risiko-Analyse 144
Ruderkraft 52

Salzschmelzereaktor 71, 100
Schaduff 51
Schneckenförderer 54
Schub 125
Schwarzer Körper 107
Siedewasserreaktor 71
Smart Energy 94
Smart Grid 104
Smart Home 104
Smart Meter 103
Smart-Energy 102
Smog 136
Solar Radiation Management 134
Solarenergie 72
Solarkonstante 134
Solarkraftwerk 72, 129
Solarmodul 75
Solarzelle 74
Solvay-Konferenz 108
Sonnengürtel 73
Spaltung 128
Speicherkraftwerk 77, 129
Spinnrad 57
Standardlastprofil 139
Stanford 123
Staustufe 76
Steady State Modell 7
Stellerator 97
Stockmühle 53
Strahlungsbilanz 132

Talglampe 52
Talsperre 77

Thermal Radiation Management 134
Thermodynamik 15, 27, 28
Tiefengeothermie 85
Tokamak 95
Tonlampe 52
Transmutation 100
Transport 52
Transportnetz 139
Treibhausgas 131
Tretrad 56
Tröpfchenmodell 118

Ueckermünde 45
Universum 6, 7
Unordnung 49
Urknall-Modell 4
Urkraft 33
Ursache 17

Verbrennungsmotor 67
Vernunft 31
Verteilnetz 103
Verwitterung 135
Vier-Takt-Motor 67
Volt 62
Vorsokratiker 10

Wärme 33, 39
Wärmeäquivalent 34
Wärmekraftanlage 68
Wärmekraftmaschine 58
Wärmepumpe 84
Wärmpumpenkreislauf 84
Wasser 88
Wasserkraft 76
Wassermühle 53
Wasserschöpfwerk 57
Wasserstoff 87
Wasserstoffbus 90
Wasserstoffgewinnung 89
Wasserstofftankstelle 91
Wasserturbine 53
Webstuhl 57
Wechselspannung 65
Wechselstrom 65
Weizsäckerformel 119
Weltlinie 116
Wendelstein 98
Wendelstein X-7 97

WIMP 8
Windenergie 78
Windgeschwindigkeit 79
Windkraft 52
Windkraftanlage 79, 129

Windmühle 53
Wirkungsgrad 68
Wirkungsquerschnitt 71

Zeitdehnung 116

www.ingramcontent.com/pod-product-compliance
Lightning Source LLC
Chambersburg PA
CBHW081531220326
41598CB00036B/6398

9 7 8 3 1 1 1 5 1 7 2 4